Mina Haghnezhad

Engenheiro civil Causas e efeitos dos atrasos nos projectos de reforço

Mina Haghnezhad

Engenheiro civil Causas e efeitos dos atrasos nos projectos de reforço

ScienciaScripts

Imprint
Any brand names and product names mentioned in this book are subject to trademark, brand or patent protection and are trademarks or registered trademarks of their respective holders. The use of brand names, product names, common names, trade names, product descriptions etc. even without a particular marking in this work is in no way to be construed to mean that such names may be regarded as unrestricted in respect of trademark and brand protection legislation and could thus be used by anyone.

Cover image: www.ingimage.com

This book is a translation from the original published under ISBN 978-620-2-00482-4.

Publisher:
Sciencia Scripts
is a trademark of
Dodo Books Indian Ocean Ltd. and OmniScriptum S.R.L publishing group

120 High Road, East Finchley, London, N2 9ED, United Kingdom
Str. Armeneasca 28/1, office 1, Chisinau MD-2012, Republic of Moldova, Europe
Printed at: see last page
ISBN: 978-620-7-77080-9

Índice:

Causas e efeitos dos atrasos nos projectos de reforço por paredes de cisalhamento e contraventamento em aço

por
Mina Haghnezhad
Ilha de Kish, Irão, 2016

Resumo

Causas e efeitos dos atrasos nos projectos de reforço por paredes de cisalhamento e contraventamento em aço

Mina Haghnezhad, M.Sc
Universidade de Tecnologia Sharif, Campus Internacional, Ilha de Kish, 2016
Supervisor: Dr.A.Khaloo

Esta investigação aborda o atraso nos projectos de reforço por paredes de cisalhamento e contraventamento em aço. Estudou a importância das causas e dos efeitos dos atrasos neste tipo de projectos. Quarenta e quatro causas foram identificadas e classificadas por fonte em nove grupos. Onze efeitos negativos dos atrasos foram conhecidos nesta investigação. Foi realizado um inquérito no terreno através de um questionário estruturado que incluiu 22 proprietários, 40 empreiteiros, 40 professores universitários com um grau de doutoramento em engenharia estrutural ou sísmica, 35 engenheiros consultores e 37 engenheiros supervisores em Mazandaran e Teerão. A técnica do Índice de Importância Relativa (RII) e a análise estatística (SPSS 22) foram utilizadas para analisar os dados e apresentar medidas estatísticas e para calcular o índice de importância e a classificação das causas e dos efeitos e para examinar a correlação entre eles. Foi realizado o teste de correlação de Spearman para examinar a relação entre os factores que afectam o tempo de construção. Os resultados da correlação e os testes de hipóteses mostraram que, em geral, existe uma relação entre as diferentes causas de atraso. Existe também uma relação entre as causas dos atrasos e os efeitos negativos.

O estudo concluiu que o atraso no financiamento e no pagamento dos trabalhos concluídos pelo proprietário é a causa mais importante de atraso. Com base na classificação das categorias de causas de atraso, as causas de atraso mais importantes estão relacionadas com a mão de obra e o equipamento. Foi demonstrado que os efeitos negativos mais importantes dos atrasos são os litígios entre as partes.

Palavras-chave: Atrasos de construção, causas, projectos de reforço, contraventamento em aço, paredes de cisalhamento.

Agradecimentos

Este trabalho não poderia ter sido concluído sem a ajuda de muitas pessoas. Em primeiro lugar, gostaria de agradecer ao meu orientador, Dr. A.khaloo, do Departamento de Engenharia Civil da Universidade de Tecnologia Sharif, pela sua paciência e pelos seus numerosos comentários editoriais. Em seguida, gostaria de agradecer especialmente a todas as pessoas que dedicaram tempo a participar no inquérito, fornecendo-me informações valiosas.

Dedicação

Dedico este trabalho à minha família, que sempre me incentivou a seguir os meus sonhos;
Especialmente aos meus pais, pelo seu apoio e compreensão contínuos durante estes dias de estudante; A todos vós, meus amigos e família, por todo o tempo que senti falta de estar convosco.

Capítulo 1
Introdução

1.1 Introdução

Os engenheiros de estruturas são frequentemente confrontados com situações em que é necessário aumentar a resistência ou a flexibilidade dos elementos existentes. O reforço é necessário por diversas razões, incluindo: a) erros de projeto originais que subestimaram a carga real nos elementos, b) erros de construção que resultaram num elemento mais fraco, c) aumento da carga no elemento devido à mudança de utilização, e d) melhorias nas ferramentas analíticas e códigos que demonstram a resistência inadequada do elemento tal como foi originalmente projetado [1].

Um dos principais objectivos da indústria da construção é melhorar o desempenho dos projectos, através da redução dos custos, da conclusão dos projectos dentro do orçamento e dos prazos especificados e da melhoria da qualidade.

O tempo de execução é uma das medidas de desempenho de um projeto de construção, tal como o tempo, o custo e a qualidade. Estas medidas determinam o sucesso do projeto, que mostra o desempenho das partes associadas à construção, principalmente o proprietário e o empreiteiro. Todas as partes tentam concluir o projeto num determinado prazo. A duração da execução do contrato tem um efeito direto na rentabilidade dos projectos de construção [2].

O tempo de execução de um projeto é geralmente a consideração mais importante para o proprietário e o empreiteiro. Muitas vezes, os litígios de construção mais problemáticos prendem-se com atrasos e com a não conclusão das obras em tempo útil. O prazo de entrega de um projeto é um fator-chave para o dono da obra em termos de custos, e é também importante para o empreiteiro [3].

Para o proprietário, o atraso significa perda de lucro devido à falta de instalações eficientes e de espaço para aluguer ou à dependência das instalações actuais. Nalguns casos, para o empreiteiro, o atraso significa custos gerais mais elevados devido a uma duração mais longa do trabalho, custos de material mais elevados devido à inflação e ao aumento dos custos de mão de obra [4].

Embora as partes contratantes tenham aceitado o tempo e os custos adicionais relacionados com o atraso, em muitos casos houve problemas entre o proprietário e o empreiteiro quanto ao direito de o empreiteiro reclamar os custos adicionais. Estas situações implicam geralmente o questionamento dos factos, dos factores causais e da explicação do contrato [5].

A conclusão dos projectos a tempo é um indicador de eficiência, mas o processo de construção está sujeito a muitas variáveis e factores imprevisíveis, que resultam de muitas consequências ou fontes. Estas fontes incluem o desempenho das partes, a disponibilidade de recursos, as condições ambientais, o envolvimento de outras partes e as relações contratuais. No entanto, é raro acontecer que as partes concluam os projectos dentro do prazo determinado [6].

Por atraso na construção entende-se um excesso de tempo para além da data do contrato ou para além da data que as partes aceitaram para a entrega do projeto. Em ambos os casos, um atraso é geralmente uma situação dispendiosa. O atraso foi também definido como um ato ou acontecimento que prolonga o tempo necessário para executar ou completar o trabalho do contrato e que se manifesta como dias de trabalho adicionais [3].

O atraso que será abordado nesta investigação é o tempo excedido para além da data de conclusão dos projectos de reforço por parede de cisalhamento e contraventamento de aço, tal como especificado no contrato de projeto, independentemente de o proprietário permitir uma prorrogação do prazo ou de serem aplicadas uma penalização por atraso e uma indemnização por perdas e danos para compensar o atraso.

Esta investigação é uma tentativa de estudar o problema dos atrasos nos projectos de reforço. Identificará as causas e os efeitos dos atrasos neste tipo de projeto, a fim de tomar as precauções necessárias para controlar e evitar essas causas, com vista a uma futura melhoria do desempenho dos projectos de reforço.

1.2 Declaração do problema

Os atrasos na construção fazem parte da vida do projeto. Mesmo com a tecnologia avançada de hoje e a compreensão das técnicas de gestão de projectos por parte dos gestores, os projectos de construção continuam a sofrer atrasos e as datas de entrega dos projectos continuam a ser adiadas [6]. Isto cria problemas que podem obstruir o progresso e causar atrasos no reforço do projeto.

Muitos investigadores, na literatura, identificaram estes problemas como factores que afectam o atraso nos projectos de construção pública e que afectarão o desempenho da empresa e a economia global do país [7].

Os atrasos ocorrem praticamente em todos os projectos, mas o seu efeito varia de projeto para projeto. Os projectos de construção podem diferir em termos de dimensão, duração, objectivos, incerteza, complexidade e outras dimensões.

Os atrasos podem ser o resultado de um baixo desempenho do empreiteiro durante a construção, de

inadequações no planeamento e na conceção iniciais, de um fraco envolvimento do proprietário na construção, de problemas de supervisão e de equipamento inadequado. Qualquer um destes factores pode causar problemas no progresso de um projeto de reforço, conduzindo a atrasos.
Durante um projeto de construção, os atrasos podem resultar de qualquer um dos factores relacionados com os interesses das partes interessadas no projeto, o que pode ter consequências negativas, causando perturbações no trabalho, perda de produtividade, perda de tempo, derrapagens de custos, reclamações ou, por vezes, a rescisão de contratos [8].
Os atrasos são sentidos nos projectos de reforço. As autoridades responsáveis pelo reforço, que sofrem com os atrasos nestes projectos, precisam de reconhecer as causas dos atrasos, o que realça a necessidade de estudar o problema dos atrasos nestes projectos. Os estudos ajudarão as partes interessadas a reconhecer as causas e os efeitos importantes dos atrasos. Assim, ajudarão estas autoridades a tomar as precauções necessárias para controlar essas causas no planeamento e conceção iniciais do projeto e a melhorar o seu envolvimento no reforço por paredes de cisalhamento e contraventamento de aço, para evitar as causas de atraso que podem ocorrer durante a construção de projectos de reforço.
O objetivo desta tese é compreender os factores específicos que contribuem para o atraso nos projectos de reforço por paredes de cisalhamento e contraventamento de aço e os seus efeitos negativos.

1.3 Objetivo da investigação

Muitos projectos de reforço por paredes de cisalhamento e contraventamentos de aço em todas as regiões do Irão têm enfrentado numerosos problemas que levam a atrasos na conclusão dos projectos de construção. Contudo, o atraso na conclusão de qualquer projeto de reforço afecta não só a vizinhança imediata do projeto de construção e todas as partes nele envolvidas, mas também a sociedade em geral, com uma variedade de efeitos adversos e muitas consequências de longo alcance. Por isso, é essencial identificar as causas para diminuir o atraso em tais projectos.
Este estudo foi concebido para avaliar as causas e os efeitos do atraso no projeto de reforço por paredes de cisalhamento e contraventamento de aço. A avaliação destas causas e efeitos será realizada através das diferentes experiências dos engenheiros consultores, empreiteiros, proprietários, engenheiros supervisores e professores doutorados em engenharia estrutural ou sísmica. Com base nos resultados desta investigação, podem ser feitas sugestões para melhorar ou eliminar causas específicas de atrasos.
Os principais objectivos do estudo podem ser resumidos nos pontos seguintes:

1. Identificar a importância das causas de atraso na construção de projectos de reforço com base no índice de importância relativa
2. Identificar a importância dos efeitos do atraso na construção de projectos de reforço com base no índice de importância relativa.
3. Testar as hipóteses de que:
    - O dono da obra, o empreiteiro, o engenheiro supervisor, o engenheiro consultor e o professor universitário doutorado em engenharia estrutural ou sísmica estão geralmente de acordo quanto à classificação da importância das causas e efeitos do atraso
    - Existe uma relação entre os factores que afectam o tempo de construção
    - Existe uma relação entre as causas e os efeitos dos atrasos

1.4 Limitações da investigação

A investigação para esta tese foi realizada apenas em Mazandaran e Teerão e incidiu apenas sobre os parâmetros do inquérito, limitados pelas respostas dadas pelos inquiridos - engenheiros consultores, empreiteiros, proprietários, engenheiros supervisores e professores doutorados em engenharia estrutural ou sísmica. A investigação foi também limitada pelo tempo de duração do estudo, que estava sujeito às restrições do calendário académico.

1.5 Importância do estudo

A reabilitação sísmica de edifícios vulneráveis existentes é um dos meios de reduzir os riscos durante um sismo, pelo que é uma atividade essencial. De facto, a reabilitação sísmica é um dos meios de reduzir os riscos durante um sismo, com o objetivo principal de reduzir os danos ou a perda de vidas e de bens e de assegurar a continuidade das actividades num incidente de sismo [9].
Atraso significa tempo que equivale diretamente a custo. Um atraso é um verdadeiro item de custo. Geralmente, produz uma situação dispendiosa para qualquer projeto. O problema do atraso é considerado um dos problemas críticos no processo de construção, uma vez que pode levar a reclamações e litígios entre o proprietário e o empreiteiro.
Embora tenha sido implementada uma variedade de soluções técnicas para a reabilitação sísmica, existe pouca informação ou orientações técnicas com as quais um engenheiro possa avaliar os méritos relativos dos métodos de reforço para melhorar ou eliminar as causas de atraso nos projectos de reforço [10].

O custo e o prazo são os factores mais importantes para determinar o desempenho do projeto. Estes factores têm sido normalmente utilizados como critérios-chave para examinar o desempenho do projeto na indústria do reforço [11].

É vantajoso para as partes envolvidas na construção reconhecerem a situação e identificarem as causas do atraso nas fases iniciais do projeto. Isto ajudá-los-á a tomar as precauções necessárias para controlar estas causas antes de ocorrerem e a estarem conscientes delas quando ocorrerem durante a construção.

Os atrasos em qualquer projeto causam danos às partes envolvidas na construção, especificamente ao proprietário e ao empreiteiro. No caso de projectos de reforço, em que o proprietário é a autoridade governamental, o atraso significa que um edifício ou uma instalação não está pronto para ser utilizado pelo público no prazo especificado. Esta situação pode causar perturbações no plano de desenvolvimento nacional e no plano de execução orçamental da autoridade governamental. Pode também causar perda de receitas de serviços e incómodo para o público. Para ambas as partes, o atraso é um problema dispendioso, pelo que é muito significativo. Além disso, a situação atual realça a necessidade de estudar este problema.

Em geral, e em suma, o estudo do problema dos atrasos neste tipo de projeto ajudará a diagnosticar o problema e a identificar a sua extensão e as suas causas mais críticas. A identificação facilitará o controlo dessas causas nas fases iniciais do projeto e melhorará o desempenho dos projectos públicos. O resultado deste estudo será benéfico para todas as partes interessadas: os proprietários, os empreiteiros e os engenheiros consultores.

1.6 Definição

Ao longo desta tese, aplicam-se as seguintes definições, salvo indicação em contrário: O projeto: Significa o projeto de reforço por paredes de cisalhamento e contraventamento metálico dentro do âmbito definido para esta investigação.

O proprietário: significa reforçar as autoridades no âmbito definido para esta investigação.

O empreiteiro: Trata-se do empreiteiro classificado no domínio dos projectos de reforço da construção por paredes de cisalhamento e contraventamento de aço.

O consultor: Trata-se do consultor classificado no domínio do reforço da construção.

Partes interessadas: que estão diretamente associadas ou envolvidas no projeto de reforço. Incluem os proprietários, os gestores do projeto, os membros da equipa do projeto, os prestadores de serviços técnicos e financeiros, os consultores, os empreiteiros

1.6.1 Readaptação ou reforço sísmico

A reabilitação sísmica de edifícios vulneráveis existentes é um dos meios de reduzir os riscos durante um sismo, pelo que é uma atividade importante em qualquer região propensa a sismos. De facto, a reabilitação sísmica é um dos meios de reduzir os riscos durante um sismo com o objetivo fundamental de reduzir os danos ou a perda de vidas e de bens e de assegurar a continuidade das actividades em caso de sismo [9].

Foram utilizadas três categorias gerais de estratégias de reabilitação na reabilitação do WBC: melhorar a ductilidade, aumentar a resistência e modificar a resposta sísmica para reduzir as solicitações [12].

1.7 Organização da tese

Esta investigação está dividida em cinco capítulos, que incluem o seguinte: O capítulo (1) apresenta uma introdução à investigação. Destina-se a dar uma visão geral do problema dos atrasos no reforço dos projectos e inclui a definição do problema, os objectivos, as limitações e a importância do estudo.

Chapter (2) apresenta a revisão da literatura sobre atrasos em projectos de construção pública. Apresenta uma descrição geral do ambiente de construção dos projectos de reforço, as causas dos atrasos, os efeitos dos atrasos e os estudos anteriores sobre este problema nos projectos de construção.

Chapter (3) discute a metodologia de investigação que inclui a recolha de dados, o desenvolvimento e a conceção do questionário, a determinação e a seleção da dimensão da amostra, o sistema de pontuação, a técnica do índice de importância relativa e a análise estatística utilizando o software SPSS.

Chapter (4) apresenta a análise dos dados e a avaliação dos resultados do inquérito e apresenta as principais conclusões do estudo.

Chapter (5) resume os resultados e as principais constatações, para apresentar as conclusões e recomendações desta investigação.

Capítulo 2
Revisão da literatura

2.1 Introdução

Foi analisada muita literatura que apresenta e discute os atrasos nos projectos de construção. O resultado desta análise será descrito de modo a apresentar uma visão geral dos atrasos nos projectos de construção pública em geral e nos projectos de reforço por paredes de cisalhamento e contraventamento em aço. Este capítulo inclui uma visão geral dos projectos de reforço por paredes de cisalhamento e contraventamento em aço, problemas de projectos de reforço, estudos anteriores relativos ao problema dos atrasos em projectos de construção pública.

2.2 Reforço

Considerando que muitos dos edifícios que necessitam de reforço ainda estão em utilização e que o custo e o tempo necessários para o reforço têm efeitos importantes na economia individual e nacional, é de grande importância desenvolver métodos de reforço eficazes, acessíveis e rápidos [12].

Atualmente, os edifícios antigos existentes com menor capacidade de carga são normalmente reforçados através da aplicação de um método de reforço adequado. Estes métodos incluem a utilização de contraventamento em aço, revestimento ou revestimento em FRP, revestimento em betão, revestimento em aço, métodos de parede de cisalhamento. No entanto, existe a possibilidade de selecionar um método de reforço sem comparar o método mais eficaz, devido a limitações de tempo ou a um conhecimento insuficiente dos métodos de reforço. No entanto, isto levará a ignorar as diferenças entre os métodos de reforço [13].

A qualidade de construção do edifício existente é geralmente importante para a seleção da técnica. Para um edifício de má qualidade, é por vezes melhor empregar um método que reduza a força sísmica transferida para o edifício em vez de projetar um novo sistema enorme para o mesmo [13].

Antes da conceção básica e da seleção das técnicas de reabilitação, são necessárias discussões pormenorizadas sobre os resultados de investigações analíticas e/ou investigações de campo sobre o estado atual do edifício. Após investigações pormenorizadas, a escolha dos critérios de projeto de reabilitação torna-se muito importante [14].

É necessário efetuar uma avaliação sísmica detalhada do sistema estrutural de um edifício existente para determinar a natureza e a extensão das deficiências, que podem causar um mau desempenho em futuros sismos. Esta avaliação também ajuda a decidir se são necessárias modificações estruturais em alguns locais da estrutura apenas para os componentes deficientes ou se são necessárias intervenções ao nível da estrutura para que o seu comportamento global seja melhorado e, assim, as solicitações sísmicas sobre os componentes sejam reduzidas. O sucesso do esquema de reforço depende muito da escolha das técnicas de reforço, que são muito específicas do tipo de estrutura e dos materiais de construção. Além disso, o projeto e a análise de tais esquemas/técnicas são bastante complexos e requerem um nível de sofisticação superior ao normalmente exigido para novos componentes/elementos [15].

2.2.1 Reforço por parede de cisalhamento e contraventamento de aço

Atualmente, estão disponíveis várias técnicas para reabilitar e reforçar edifícios com rigidez, resistência e/ou ductilidade insuficientes. Estas técnicas incluem o reforço do edifício através de novas paredes de cisalhamento e elementos de contraventamento em aço [16].

A fim de aumentar a resistência sísmica das estruturas emolduradas, são frequentemente utilizados contraventamentos de aço ou paredes de cisalhamento, sendo comum utilizar contraventamentos de aço em estruturas em aço e paredes de cisalhamento em estruturas de betão armado. No entanto, nos últimos anos, têm sido apresentadas sugestões para a utilização de contraventamentos em aço em estruturas de betão armado. Tendo em consideração a facilidade de construção e o custo relativamente baixo, o contraventamento em aço parece ser uma escolha atractiva em relação a outros elementos resistentes ao corte, tais como paredes de corte ou um sistema de pórtico rígido [17].

Os diferentes métodos de contraventamento são categorizados como (1) contraventamento externo e (2) contraventamento interno. No primeiro método, os edifícios existentes são adaptados através da fixação de um sistema de contraventamento local ou global em aço às estruturas exteriores (e ocasionalmente interiores). As preocupações arquitectónicas e as dificuldades encontradas na ligação do contraventamento de aço às estruturas de betão armado (RC) são duas das principais deficiências deste método. No último método, os edifícios são adaptados através do posicionamento de um sistema de contraventamento dentro dos compartimentos individuais das estruturas de betão armado.

O contraventamento pode ser indireto ou diretamente ligado ao pórtico RC. No contraventamento interno indireto, uma estrutura de aço contraventada é posicionada no interior da estrutura RC. Consequentemente, a

transferência de carga entre o contraventamento de aço e a estrutura de betão é efectuada indiretamente através da estrutura de aço. Este método de contraventamento interno pode ser dispendioso e as dificuldades técnicas na fixação do pórtico de aço ao pórtico RC podem ser um obstáculo [18].
No método de contraventamento interno direto, os contraventamentos de aço são ligados diretamente aos pórticos RC sem a utilização de um pórtico de aço intermediário. O método de contraventamento interno direto foi proposto não só como uma medida de reabilitação para edifícios existentes, mas também como um elemento de resistência ao corte a ser utilizado no projeto sísmico de novos edifícios [19].
De um modo geral, a utilização de contraventamentos em aço para a reabilitação de estruturas de betão armado tem algumas vantagens, tais como ser relativamente económica, não aumentar consideravelmente o peso estrutural, ser de fácil aplicação e poder ser personalizada com a resistência e rigidez necessárias [20].
Em qualquer dos casos, o contraventamento em aço oferece soluções mais adequadas em termos estéticos para várias aplicações. Embora a sua aplicação no interior do edifício não seja fácil para os edifícios com pequenas aberturas, permite especialmente uma instalação fácil ao longo dos eixos nas fachadas exteriores. As características arquitectónicas e a funcionalidade podem ser menos perturbadas pela utilização de um estilo de contraventamento adequado [21].
As paredes de cisalhamento permitem um controlo perfeito dos deslocamentos horizontais não só na parte inferior mas também na parte superior do edifício [22]. Um dos factores mais importantes da utilização de paredes de cisalhamento em estruturas RC para reforço sísmico é a ligação entre a parede de cisalhamento exterior e os elementos estruturais obtidos [23].
O reforço por meio de paredes de cisalhamento fornece resultados experimentais e analíticos adequados. No entanto, estes métodos exigem que o utilizador evacue o edifício durante o reforço e, no final do processo de reforço, surgem trabalhos adicionais e custos suplementares consideráveis [24].

2.3 Desafios no reforço dos projectos

A reabilitação sísmica de edifícios é uma atividade nova para a maioria dos engenheiros de estruturas. A reabilitação de um edifício implica uma apreciação dos aspectos técnicos, económicos e sociais da questão em causa. As alterações nas tecnologias de construção e a inovação nas tecnologias de reabilitação representam um desafio acrescido para os engenheiros na seleção de uma solução técnica, económica e socialmente aceitável [25].
A seleção da estratégia de reabilitação mais adequada para uma determinada estrutura pode não ser simples, uma vez que, em várias aplicações, não existe uma alternativa que surja claramente entre outras como a melhor, tendo em conta todos os critérios acima mencionados [10].
O domínio da atenuação dos riscos, muito especialmente a reabilitação sísmica, depara-se com uma série de questões e desafios relacionados com a sua aplicação. Alguns desses desafios são a falta de conhecimento suficiente dos sistemas disponíveis, o custo do reforço, as restrições regulamentares, a perceção da ocorrência de sismos e dos riscos [9].
O custo da reabilitação é uma força motriz económica significativa que afecta a decisão de adotar medidas de redução dos riscos. O custo da reabilitação sísmica pode variar muito, o que torna difícil prever adequadamente o montante total do custo que pode estar envolvido na reabilitação, o que pode ser um constrangimento nas decisões de reabilitação sísmica [26]. As características económicas dos esquemas de reabilitação estão também entre os parâmetros mais importantes, mais especificamente para os clientes que devem considerar a seleção da melhor opção de reabilitação. Este custo é normalmente comparado com o custo de substituição do edifício para avaliar o esquema de reabilitação [27].
Hopkins observou que os proprietários de edifícios adoptam geralmente opções de custo mais baixo sem considerar o nível necessário de reforço [28].
Em muitas situações, porém, embora o proprietário de um edifício possa beneficiar financeiramente a curto prazo da opção mais económica, as oportunidades estéticas perdidas podem ser lamentadas mais tarde [29].
A maioria dos intervenientes no mercado tem quase pouco ou nenhum conhecimento sobre as normas de desempenho de reabilitação sísmica, as obrigações legais e as responsabilidades potenciais relacionadas com os riscos sísmicos. Um desafio considerável relacionado com a tomada de decisões sobre a atenuação de sismos está relacionado com a forma como a perceção do risco de sismo difere entre os intervenientes. A incerteza sobre a ocorrência de terramotos, a gravidade e o custo potencial de atenuação pode criar disparidade de opinião entre as partes interessadas relativamente ao nível de riscos aceitáveis [26].
No reforço dos projectos, a unidade de gestão do projeto é fraca e não tem capacidade para lançar e avaliar propostas para a aquisição dos veículos, preparar a proposta do programa de formação e acompanhar eficazmente a execução do contrato de consultoria em curso e do programa de informatização, o que provocou atrasos na execução, tendo o projeto sido igualmente afetado pelas mudanças de gestão [30].
O problema mais difícil e também o mais significativo é a falta de normas para a reparação ou o reforço dos

edifícios danificados. A falta de normas de reparação e de critérios de reforço cria controvérsia e impede os proprietários de utilizarem os seus edifícios. Normas conservadoras podem atrasar a recuperação económica da comunidade [31].

Os recursos são, de facto, o hóspede ausente em todas as tabelas em que a questão é definir o nível de segurança a atingir quando se projectam e constroem novas estruturas, e muito mais quando a questão é reduzir a vulnerabilidade das construções existentes [32].

As ciências sociais e as artes são muitas vezes ignoradas na gestão da reabilitação sísmica, centrando-se sobretudo nos aspectos técnicos. Mas a investigação sobre as influências é importante para facilitar a aplicação adequada através da transferência de conhecimentos de investigação para os decisores [33].

Podem ser necessárias medidas e ensaios instrumentais, tanto para quantificar o nível e o carácter dos danos como para completar a informação relativa ao estado do edifício antes de qualquer trabalho de reparação e/ou reforço. Devem ser definidos procedimentos de investigação e orientações para os levantamentos in situ e laboratoriais, de modo a que todos os dados recolhidos possam ser utilizados para a avaliação dos danos e como dados de entrada para modelos de análise estrutural e de controlo. No entanto, é frequentemente muito difícil elaborar e interpretar os resultados da investigação; esta situação é particularmente comum quando o projetista não possui competências suficientes [34].

2.4 Estudos anteriores

Foram revistos vários estudos e relatórios que apresentam os atrasos nos projectos de construção, especificamente as causas e os tipos de atrasos nos projectos públicos e os seus efeitos negativos. Estes estudos serão apresentados sucintamente nos parágrafos seguintes, juntamente com as suas conclusões.

Parviz Ghoddousi et al. mostraram 31 factores que influenciam a produtividade dos subcontratantes no Irão, reunindo-os em 7 grupos principais (ou seja, materiais/ferramentas, método/tecnologia de construção, gestão/planeamento, supervisão, trabalhos de recuperação, condições meteorológicas e condições do local de trabalho). Os resultados indicaram que os 10 principais factores que afectam negativamente a produtividade do trabalho, por ordem decrescente, são os seguintes

- Utilizar os métodos de construção tradicionais em vez da tecnologia moderna.
- O gestor do sítio não tem experiência para lidar com os desafios que surgem no terreno.
- Falta de ferramentas e equipamentos adequados no local.
- Os operadores não possuem as competências e a experiência necessárias para efetuar a tarefa.
- O diretor do estaleiro não tem capacidade para formar os trabalhadores para desempenharem corretamente as suas funções.
- Há falta de material no mercado.
- A empresa executa este tipo de projeto pela primeira vez.
- Os materiais ainda não chegaram ao local.
- O ambiente térmico não é confortável (ou seja, calor, frio, humidade)
- As tarefas não são devidamente planeadas e sequenciadas de forma realista.

Consequentemente, os factores efectivos mais importantes estão todos relacionados com as finanças, o que reflecte a fragilidade financeira da maioria das empresas de construção iranianas devido às irregularidades de pagamento por parte do sector governamental. O facto de as condições do local de trabalho terem a menor importância entre os grupos parece bastante normal em termos de melhorias recentes visíveis do ambiente de trabalho no Irão [35].

Towhid Pourrostam et al. identificaram as causas e os efeitos dos atrasos, bem como os factores de sucesso para minimizar os atrasos em projectos de construção de edifícios na filial da IAU-Shuster no Irão. A partir da análise dos resultados, verificou-se que a experiência inadequada do empreiteiro, as dificuldades financeiras do empreiteiro e as ordens de alteração da entidade patronal durante a construção foram classificadas como factores de sucesso pelos inquiridos. Além disso, os resultados mostraram que o excesso de tempo e o excesso de custos foram os factores mais importantes dos efeitos dos atrasos nos projectos de construção de edifícios na filial da IAU-Shoushtar. O resultado mostrou que a utilização de empreiteiros e subempreiteiros experientes, estimativas de custos iniciais precisas e objectivos e âmbito claros eram métodos eficazes para minimizar os atrasos nos projectos de construção [36].

Behzad Abbasnejad et al. demonstraram que os principais factores de atraso nos projectos de construção iranianos são os seguintes

1. Não pagamento das demonstrações financeiras, ajustamentos, etc.
2. Alterações na extensão dos projectos e interferências dos empregadores.
3. Entrega de projectos a empreiteiros de acordo com concursos reduzidos.
4. Má gestão do sítio por parte dos empreiteiros

Todos os factores acima mencionados contrastavam com as necessidades desta indústria, o que, por sua vez, se devia à falta de familiaridade dos principais gestores com a natureza dos projectos de construção. Uma vez que os empregadores são os proprietários dos projectos, tendem a concluir os projectos com os custos mais baixos e a ter o maior impacto durante os projectos. Por conseguinte, as principais causas de atraso nos projectos de construção do Irão foram a falta de familiaridade das organizações envolvidas com a natureza do projeto [37].

Mohammad Khoshgoftar et al. constataram que existem muitas razões para os atrasos nos projectos de construção iranianos. As mais importantes foram as finanças e os pagamentos dos trabalhos concluídos, o planeamento inadequado, a gestão do local, a gestão do contrato, a falta de comunicação entre as partes e os subcontratantes, a disponibilidade e a avaria do equipamento, a falta de material, a experiência inadequada do empreiteiro e as ordens de alteração [38].

Sambasivan e Soon investigaram as causas e os efeitos dos atrasos no sector da construção da Malásia. Identificaram as principais causas dos atrasos, das quais as dez (10) mais importantes são as seguintes (1) planeamento inadequado por parte do empreiteiro, (2) má gestão do estaleiro por parte do empreiteiro, (3) experiência inadequada do empreiteiro, (4) financiamento e pagamentos inadequados por parte do proprietário relativamente aos trabalhos concluídos, (5) problemas com os subempreiteiros, (6) escassez de material, (7) fornecimento de mão de obra, (8) disponibilidade e falha de equipamento, (9) falta de comunicação entre as partes e (10) erros durante a fase de construção. Também identificaram os principais efeitos do atraso, que foram os seguintes (1) excesso de tempo, (2) excesso de custo, (3) disputas, (4) arbitragem, (5) litígio e (6) abandono total [5].

Odeyinka e Yusif estudaram os atrasos causados pelo cliente, pelo empreiteiro e pelo consultor em projectos de habitação na Nigéria. Os atrasos provocados pelo cliente foram causados por variações nas encomendas, lentidão na tomada de decisões e problemas de tesouraria. As dificuldades financeiras, os problemas de gestão de materiais, os problemas de planeamento e programação, a inspeção inadequada do local, os problemas de gestão do equipamento e a falta de mão de obra foram considerados atrasos causados pelo empreiteiro. O desenho incompleto, a resposta lenta do consultor, as ordens de variação, a emissão tardia de instruções e a falta de comunicação foram classificados como atrasos causados pelo consultor. As condições atmosféricas adversas, os actos de Deus, os conflitos laborais e as greves foram considerados factores externos responsáveis pelos atrasos [39].

Mansfield et al. estudaram as causas dos atrasos e dos custos excessivos em projectos de construção na Nigéria. Identificaram dezasseis (16) factores principais. De acordo com as suas conclusões, os factores mais significativos foram os seguintes (1) financiamento e pagamento de obras concluídas, (2) má gestão de contratos, (3) alterações nas condições do local, e (4) falta de materiais e planeamento inadequado. A partir da literatura existente sobre a indústria da construção na Nigéria, foi possível identificar alguns dos principais efeitos dos atrasos na entrega dos projectos. Os seis efeitos dos atrasos identificados foram: excesso de tempo, excesso de custos, litígio, arbitragem, abandono total e litígio [40].

Haseeb et al. mencionaram trinta e sete (37) factores que causam atrasos e agruparam-nos em sete (7) grupos. O fator de atraso mais comum é a catástrofe natural no Paquistão, como inundações e terramotos, e outros, como problemas financeiros e de pagamento, planeamento inadequado, má gestão do local, experiência insuficiente, falta de materiais e equipamento [41].

Assaf et al. estudaram as causas dos atrasos em grandes projectos de construção de edifícios na Arábia Saudita. Identificaram cinquenta e seis (56) causas de atraso e agruparam-nas em nove (9) categorias principais. Concluíram que os factores de atraso mais significativos eram os seguintes (1) aprovação de desenhos, (2) atrasos no pagamento aos empreiteiros resultantes de problemas de tesouraria durante a construção, (3) alterações ao projeto, (4) conflitos nos horários de trabalho dos subempreiteiros, (5) lentidão na tomada de decisões e burocracia executiva nas organizações do proprietário, (6) erros de projeto, (7) escassez de mão de obra e (8) competências laborais inadequadas [42].

Chan e Kumaraswamy realizaram um inquérito para avaliar os índices de importância relativa de oitenta e três (83) potenciais factores de atraso que foram agrupados em oito (8) categorias principais em projectos de construção de Hong Kong. Os resultados da sua investigação indicaram que as cinco (5) causas principais e comuns eram as seguintes (1) gestão e supervisão deficientes do local, (2) condições imprevistas do terreno, (3) baixa velocidade de tomada de decisões envolvendo toda a equipa do projeto, (4) variações iniciadas pelo proprietário e (5) variação necessária dos trabalhos [43].

Bramble e Callahan estudaram os atrasos relacionados com o proprietário, o projeto, o empreiteiro e outros nos EUA. A libertação tardia do local para o empreiteiro, a aprovação tardia, as dificuldades financeiras, as responsabilidades de administração do contrato, as ordens de alteração e a interferência foram consideradas atrasos causados pelo dono da obra. Os defeitos de conceção, a correção lenta dos erros de conceção, a revisão tardia dos desenhos da oficina e os atrasos devidos a testes e inspecções foram considerados atrasos causados

pela conceção. A não avaliação do local e do projeto, os defeitos de construção, os problemas de gestão do empreiteiro e os recursos inadequados foram considerados atrasos relacionados com o empreiteiro. As condições meteorológicas, os casos fortuitos, as greves e os conflitos laborais foram considerados atrasos não causados pelas partes responsáveis pela conceção e pela construção [44].
Fugar e Agyakwah-Baah centraram-se nos atrasos na construção de projectos de edifícios no Gana. O estudo revelou que os três grupos de inquiridos concordaram, em geral, que, de um total de trinta e dois (32) factores, os dez principais factores que influenciam os atrasos, dispostos por ordem decrescente de importância, eram os seguintes (1) atraso na entrega dos certificados, (2) subestimação dos custos dos projectos, (3) subestimação da complexidade dos projectos, (4) dificuldade de acesso ao crédito bancário, (5) má supervisão, (6) subestimação do tempo de conclusão dos projectos pelos empreiteiros, (7) escassez de materiais, (8) má gestão profissional, (9) flutuação dos preços/aumento do custo dos materiais, e (10) má gestão do estaleiro. Os resultados mostram que os proprietários, consultores e empreiteiros concordaram que o grupo de financiamento dos factores de atraso era o fator mais influente. Os factores materiais foram considerados o segundo fator mais importante que causa atrasos nos projectos de construção, seguidos dos factores de programação e controlo [45].
Al-Momani efectuou uma análise quantitativa dos atrasos na construção na Jordânia. O resultado do seu estudo indicou que as principais causas de atraso na construção de obras públicas
Os projectos de construção foram relacionados com os projectistas, as mudanças dos utilizadores, as condições meteorológicas, as condições do local, as entregas tardias, as condições económicas e o aumento da quantidade [46].
Faridi e El-Sayegh mostraram que as causas dos atrasos eram a preparação e aprovação lentas dos desenhos, o planeamento antecipado inadequado do projeto, a lentidão da tomada de decisões do proprietário, a falta de mão de obra, a má gestão e supervisão do local e a baixa produtividade da mão de obra [47].
Aiyetan et al. salientam que os três factores mais significativos que afectam negativamente o desempenho do prazo de entrega dos projectos de construção são: a qualidade da gestão durante a construção, a qualidade da gestão durante a conceção e a coordenação da conceção [48].
Sweis et al.ordenou que as causas mais comuns de atrasos em projectos residenciais fossem as seguintes: condições meteorológicas, alterações nos regulamentos governamentais, dificuldades financeiras e ordens de alteração do proprietário [6].
Mezher e Tawil realizaram um inquérito sobre as causas dos atrasos no sector da construção no Líbano. O inquérito incluía sessenta e quatro (64) causas de atraso, agrupadas em dez (10) categorias principais. De acordo com as suas conclusões, (1) as questões financeiras, (2) a relação contratual com os empreiteiros e (3) as questões de gestão do projeto foram as causas de atraso mais importantes [49].
Geraldine John Kikwasi observou que os efeitos dos atrasos são: excesso de tempo, excesso de custos, impacto social negativo, recursos inactivos e litígios [6].
Soliman mencionou as causas dos atrasos no sector da construção do Kuwait e o estudo revelou que as causas mais importantes e frequentes dos atrasos são as causas financeiras e de conceção [50].
De um modo geral, a literatura revista não apresentou estudos específicos sobre o atraso no reforço por projectos de paredes de cisalhamento e contraventamentos metálicos, mas os estudos revistos apresentaram dados consideráveis sobre as causas do atraso e os seus efeitos para efeitos desta investigação.

2.5 Causas dos atrasos

Há muitas causas que podem resultar em atrasos nos projectos de construção pública. Essas causas podem resultar de diferentes fontes e partes. Através da revisão da literatura, de muitas entrevistas e discussões com alguns profissionais da área, foram identificadas muitas causas. Foram identificadas quarenta e quatro (44) causas potenciais. Essas causas podem ser combinadas em nove grupos principais. Estes grupos são classificados de acordo com as fontes destas causas. Estas fontes são as seguintes:

- Desempenho do contratante
- Desempenho do proprietário
- Desempenho dos consultores
- Factores externos relacionados
- Factores relacionados com os materiais
- Factores relacionados com o projeto
- Factores relacionados com a viabilidade
- Factores relacionados com o estaleiro de construção

Cada uma das nove fontes é descrita brevemente. As causas que resultam destas fontes são identificadas para que o leitor tenha uma visão geral das causas dos atrasos no reforço dos projectos de construção.
Estas causas serão consideradas no questionário para identificar a sua importância. Note-se que algumas destas

causas podem interagir com outras causas de outra origem, ou podem ser o resultado de outras causas.

2.5.1 Desempenho do contratante

O empreiteiro no processo de construção é a parte que utiliza os recursos necessários para executar e concluir o projeto de reforço. Normalmente, o empreiteiro tem a maior parte da responsabilidade na construção. É responsável pela entrega do projeto concluído ao proprietário. O desempenho do empreiteiro na construção desempenha um papel importante no desempenho do projeto de reforço. O empreiteiro é obrigado a concluir o projeto, no prazo previsto, dentro do custo estimado e com a qualidade exigida, de acordo com as especificações e condições.

O desempenho do contratante baseia-se nas suas capacidades, que incluem a capacidade executiva, técnica e financeira. As capacidades do empreiteiro baseiam-se nos recursos disponíveis e no desempenho da gestão do projeto. Os recursos incluem materiais, equipamento, mão de obra e dinheiro. A disponibilidade destes recursos de forma adequada e atempada, conforme necessário, é essencial para o progresso do trabalho e a conclusão do projeto no prazo especificado.

2.5.2 Desempenho do proprietário

O proprietário desempenha um papel importante nos projectos de construção. O envolvimento do proprietário é um fator eficaz no processo de construção. O papel do proprietário inclui muitas tarefas. Estas tarefas são muito importantes para o progresso do projeto. Se o proprietário não executar estas tarefas, surgirão problemas que podem causar atrasos no progresso e, depois, na conclusão do projeto.

O atraso no pagamento dos adiantamentos pelo proprietário é um dos problemas mais críticos para o empreiteiro. Cria um problema muito crítico na sua capacidade financeira. Este problema torna o empreiteiro incapaz de fornecer os recursos necessários e de cobrir as suas despesas, o que leva a atrasos no progresso da obra.

De acordo com as condições do contrato, o proprietário tem o direito de suspender qualquer parte do trabalho, se for necessário reestudar e redesenhar qualquer parte do projeto para fazer as modificações e correcções necessárias. As alterações ou ordens de alteração do dono da obra são um dos principais factores de atraso [51]. O procedimento de emissão de ordens de alteração pode envolver medidas morosas, que demoram muito tempo durante a construção, o que pode causar atrasos no progresso e, depois, a conclusão do projeto no prazo especificado.

2.5.3 Desempenho dos consultores

O desempenho dos consultores em projectos de reforço é um elemento importante para o sucesso do projeto. O consultor tem um papel importante no desempenho da construção. O projeto pode sofrer atrasos se o consultor não desempenhar as suas tarefas de forma eficiente, o que dependerá das qualificações e experiência do seu pessoal. O consultor certifica-se de que o trabalho está a ser executado de acordo com os requisitos dos documentos contratuais e de acordo com as normas e códigos de engenharia relevantes. A equipa do gabinete do consultor deve gerir a construção de forma adequada e eficiente. Qualquer falha nas suas funções causará problemas ao empreiteiro e ao proprietário, o que pode provocar atrasos no progresso do projeto. A empresa de consultoria deve manter registos completos dos trabalhos realizados e assegurar uma coordenação adequada entre o pessoal no terreno e o empreiteiro. A coordenação e as comunicações entre o consultor e o empreiteiro contribuirão para o progresso do projeto. Uma má coordenação pode levar a conflitos e problemas que atrasam o progresso do projeto.

2.5.4 Factores externos

No processo de construção, os factores externos têm algum impacto no progresso e na conclusão do projeto. Os factores externos incluem as condições climáticas, as flutuações do custo/moeda e as condições sociais e culturais.

2.5.5 Factores relacionados com os materiais

Problemas como atrasos na entrega, faltas ou alterações durante a construção, quer na quantidade quer nas especificações dos materiais utilizados no processo de construção, podem causar atrasos.

2.5.6 Factores de mão de obra e equipamento

A falta de mão de obra qualificada e de especificações do equipamento utilizado no processo de construção, ou mesmo a utilização de equipamento de tecnologia antiga ou de operadores de equipamento não qualificados, provocam atrasos.

2.5.7 Relacionado com o projeto

Os factores relacionados com o projeto incluem as características do projeto, as variações necessárias, a comunicação entre as várias partes, a rapidez da tomada de decisões envolvendo todas as equipas do projeto e as condições do terreno. Existem muitos problemas relacionados com a natureza do projeto de reforço, uma vez que o reforço de edifícios é ainda uma atividade nova para a maioria dos engenheiros de estruturas. O custo do reforço, a falta de comunicação entre as partes e a lentidão na tomada de decisões para selecionar o método de reforço são os problemas que os engenheiros enfrentam durante os projectos.

2.5.8 Viabilidade relacionada

A localização do problema da parede de cisalhamento e a localização do problema do contraventamento de aço em projectos de reforço são os factores importantes a ter em conta antes de qualquer projeto. A consideração das características arquitectónicas do edifício existente também tem efeito no progresso dos projectos.

2.5.9 Relacionados com o estaleiro de construção

Cada local é único no que diz respeito às suas características. O reforço do edifício por meio de paredes de cisalhamento e contraventamentos de aço é complexo. A operação de remoção de juntas e instalações antes do reforço reduz o progresso do projeto. A operação de betonagem ou formatação nos projectos de reforço é uma tarefa complexa. Estes trabalhos devem ser efectuados por mão de obra de alta qualidade para evitar erros e atrasos.

2.6 Resumo das causas potenciais

As causas dos atrasos nos projectos de reforço por paredes de cisalhamento e contraventamento em aço, tal como descrito anteriormente, podem ser resumidas em grupos de acordo com as suas origens:

- Causas relacionadas com o proprietário:

1. Tipo de concurso para projectos (proposta mais baixa) [3].
2. Problemas contratuais [5].
3. Ordens de variação/mudanças de âmbito pelo proprietário durante a construção [8].
4. Interferência do proprietário [3].
5. Duração irrealista do contrato [19].
6. Atraso no financiamento e no pagamento das obras concluídas pelo proprietário [3], [6], [7].

- Causas relacionadas com o empreiteiro

7. Experiência inadequada do contratante [3], [26], [35].
8. Planeamento e calendarização ineficazes do projeto [8], [22].
9. Dificuldades em cumprir os requisitos de apresentação de relatórios durante o projeto [33], [34].
10. Má gestão e supervisão do sítio [36], [38]
11. Dificuldades de financiamento do projeto pelo contratante [49], [54].

- Causas relacionadas com o consultor

12. Falta de experiência dos consultores em projectos de reforço [19].
13. negociações contratuais prolongadas com o consultor [15].
14. Erros e atrasos na elaboração dos documentos de projeto pelo consultor [15].
15. Pormenores pouco claros e inadequados nos desenhos [16], [20].
16. Garantia/controlo da qualidade [23].

- Causas relacionadas com o material

17. Atraso na entrega do material [2], [4], [5].
18. Escassez de materiais de construção
19. Alterações nos tipos de materiais e especificações durante a construção [3].
20. Falta de eléctrodos para soldar armaduras de paredes de cisalhamento (entrevista com peritos)
21. O tipo de betão utilizado (entrevista com peritos)

- Causas relacionadas com a mão de obra e o equipamento

22. Escassez de mão de obra qualificada [9].
23. Equipamento inadequado [10].
24. Equipamento moderno inadequado [10].

- Causas relacionadas com o projeto

25. Custo do reforço [11], [26].
26. Critérios de normas de reforço pouco claros [31].
27. Limitação do sistema de engenharia [31].
28. Tomada de decisão lenta para selecionar o método de reforço [13], [26] ,[34].
29. Falta de comunicação entre as partes [26].
30. A perceção dos métodos de reforço varia consoante as partes interessadas [26], [27].
31. A reabilitação sísmica de edifícios é uma atividade nova para a maioria dos engenheiros de estruturas [25].
32. Mudanças de gestão [26], [32].

- Causas externas

33. Efeito meteorológico (calor, chuva, etc.) [3], [7].

34. Problema com os vizinhos [36], [39].
35. Controlo do tráfego rodoviário [41], [43]
36. Flutuações de custos/moeda [46], [51]

- Causas relacionadas com a viabilidade

37. Problemas de arquitetura [29], [31].
38. Problema de localização de contraventamentos de aço [20].
39. Localização do problema da parede de cisalhamento (entrevista com peritos)

- Causas relacionadas com o estaleiro de construção

40. É difícil remover o revestimento de betão para a execução de paredes de cisalhamento (entrevista com peritos)
41. A operação de remoção da carpintaria e das instalações antes do reforço reduz o progresso do projeto (entrevista com peritos)
42. A operação de betonagem em projectos de reforço é uma tarefa complexa (entrevista com peritos)
43. A formatação dos projectos de reforço é difícil (entrevista com peritos)
44. A instalação de barras de reforço na parede de cisalhamento é uma atividade complexa (entrevista com peritos)

2.7 Efeitos do atraso

De acordo com estudos anteriores e entrevistas a profissionais do sector, foram identificados onze efeitos. Os efeitos do atraso dos projectos de reforço são os seguintes (1) atraso nos prazos, (2) atraso nos custos, (3) litígio, (4) má qualidade, (5) atraso nos benefícios, (6) litígio, (7) aumento do stress para o empreiteiro, (8) recursos humanos e não humanos ociosos, (9) impacto negativo nas estruturas circundantes, (10) efeitos sociais negativos e 11) abandono total [5], [25], [35], [39].

Capítulo 3
Metodologia

3.1 Introdução

Para que um projeto de investigação cumpra os seus objectivos, é indispensável a utilização de uma metodologia eficaz para ajudar na análise da questão em causa.
O objetivo deste capítulo é apresentar uma explicação pormenorizada da metodologia e da conceção utilizadas na realização desta investigação. Este capítulo apresenta a justificação para a seleção das técnicas mais adequadas no método de investigação e recolha de dados.
Antes de selecionar os melhores métodos ou técnicas para realizar este estudo, é importante definir o objetivo e a finalidade da investigação. O objetivo do estudo é identificar e hierarquizar as causas dos atrasos e os seus efeitos nos projectos de reforço com paredes de cisalhamento e contraventamentos metálicos, e fornecer recomendações e/ou soluções para corrigir o problema.

3.2 Metodologia de investigação

Esta investigação é um estudo de inquérito no terreno através de um questionário estruturado dirigido aos proprietários, aos engenheiros consultores, aos engenheiros supervisores, aos empreiteiros e aos professores universitários com um doutoramento em engenharia estrutural ou sísmica em Mazandaran e Teerão.
O inquérito identificará a importância das causas e dos efeitos do atraso no reforço do projeto. Este capítulo apresentará a abordagem geral do estudo, a recolha de dados, o inquérito, o sistema de pontuação, a técnica do Índice de Importância Relativa (IIR) e a utilização do software de análise estatística (SPSS) para examinar a correlação entre os dados recolhidos. O inquérito inclui o desenvolvimento e a conceção do questionário e a determinação e seleção da dimensão da amostra. A Figura 3.1 mostra um fluxograma da metodologia de investigação para atingir os objectivos do estudo.

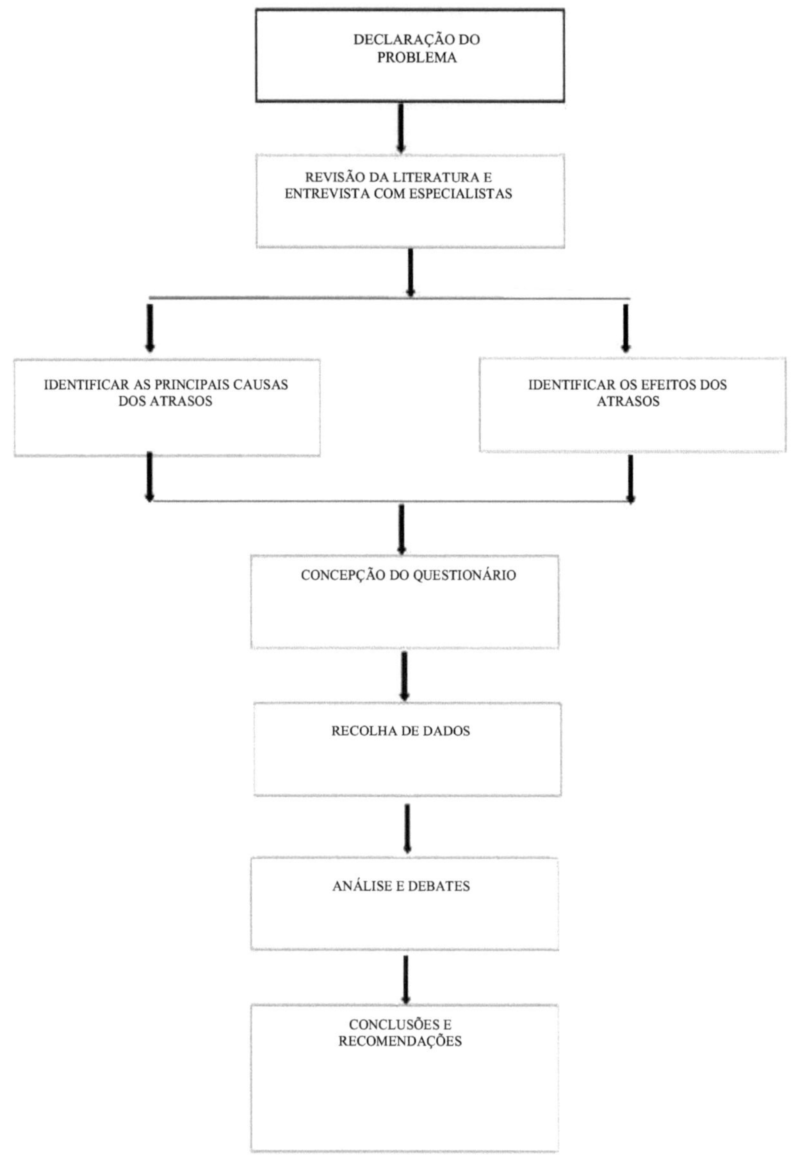

Figura 3. 1. Fluxograma da metodologia de investigação

3.3 Abordagem geral do estudo

A abordagem do estudo incluirá as etapas que podem ser resumidas nos pontos seguintes:

1. Efetuar uma revisão exaustiva da literatura relacionada com o tema deste estudo, para além de entrevistas e discussões com alguns proprietários, engenheiros de empreiteiros, engenheiros consultores e professores universitários com um grau de doutoramento em engenharia estrutural ou sísmica. Estas entrevistas destinam-se a recolher dados relacionados com a identificação das causas e dos efeitos dos atrasos nos projectos de reforço por paredes de cisalhamento e contraventamentos metálicos.
2. Formular os dados recolhidos para desenvolver e conceber um questionário completo que abranja os dados necessários, as causas e os efeitos dos atrasos.
3. Realizar um inquérito no terreno enviando por correio o questionário aos potenciais inquiridos para recolher os dados no terreno.
4. Efetuar a técnica do índice de importância relativa (RII) e o teste de correlação para analisar os dados
5. Relatar e discutir os resultados e as principais constatações para apresentar conclusões e recomendações.

De acordo com os objectivos do presente estudo, os dados necessários são de dois tipos:

1. Dados relativos à identificação e descrição dos vários tipos e causas de atrasos e seus efeitos nos projectos de reforço por paredes de cisalhamento e contraventamentos metálicos.
2. Dados relativos à identificação das causas e efeitos importantes dos atrasos, medidos pelo seu Índice de Importância Relativa, e à correlação entre eles através de software de análise estatística em projectos de reforço.

O primeiro tipo de dados será recolhido através de uma revisão da literatura sobre atrasos em projectos de construção e de entrevistas com peritos. O segundo tipo de dados será obtido através de um inquérito no terreno sobre a frequência dos atrasos e o Índice de Importância Relativa das causas e efeitos identificados para determinar a importância das causas.

3.4 O inquérito

3.4.1 Desenvolvimento e conceção do questionário

O questionário foi desenvolvido com base nos objectivos da investigação para a recolha de dados no terreno para este estudo. A revisão da literatura estabeleceu a base para o desenvolvimento do questionário. Algumas causas foram identificadas através de discussões e entrevistas com peritos.

As causas e os efeitos dos atrasos identificados no capítulo (2) são tidos em conta no questionário.

O questionário foi cuidadosamente concebido para atingir os objectivos da investigação. É composto por uma introdução e três partes, 1, 2 e 3. A introdução apresenta uma descrição do inquérito, a sua finalidade e os seus objectivos. A primeira parte é constituída por cinco perguntas sobre informações de base. Foi pedido aos inquiridos que respondessem a informações gerais relativas à sua classificação e experiência na construção. Uma cópia do questionário é apresentada no apêndice A.

A segunda parte do questionário incidia sobre os factores responsáveis pelos atrasos. O questionário foi concebido para obter os pontos de vista dos inquiridos sobre 44 factores reconhecidos de reforço dos atrasos. Estas causas foram classificadas nos seguintes nove grandes grupos: factores relacionados com o proprietário, factores relacionados com o empreiteiro, factores relacionados com o consultor, factores relacionados com os materiais, factores relacionados com a mão de obra e o equipamento, factores relacionados com o exterior, factores relacionados com o projeto, factores relacionados com a viabilidade e factores relacionados com o estaleiro. O quadro das causas é apresentado no Quadro 3.1.

A terceira parte do questionário centrou-se nos efeitos dos atrasos na construção de um projeto de reforço com paredes de cisalhamento e contraventamento de aço. Os 11 efeitos negativos do atraso de um projeto de reforço identificados foram: excesso de prazo, excesso de custos, litígio, má qualidade, atraso nos benefícios, litígio, aumento da pressão sobre o empreiteiro, inatividade dos recursos humanos e não humanos, impacto negativo nas estruturas circundantes, impacto social negativo e abandono total.

Uma vez que a natureza da investigação é de classificação, foi utilizado o questionário fechado. Além disso, foi utilizada a escala de cinco Likert para medir as variáveis. Os questionários foram traduzidos para a língua persa para evitar confusões e para facilitar a compreensão e a resposta do público-alvo no Irão.

Quadro 3.1. Classificação das causas de atraso

Não.	Causas de atraso	Grupo

1	Tipo de concurso de projeto (proponente com a proposta mais baixa)	Proprietário
2	Recolha de dados e inquérito insuficientes antes da conceção	
3	Ordens de variação/mudanças de âmbito pelo proprietário durante a construção	
4	Interferência do proprietário	
5	Atraso no financiamento e no pagamento das obras concluídas pelo proprietário	
6	Duração irrealista do contrato	
7	Experiência inadequada do contratante	Empreiteiro
8	Planeamento e calendarização ineficazes do projeto	
9	Dificuldades em cumprir os requisitos de apresentação de relatórios durante o projeto	
10	Dificuldades de financiamento do projeto pelo contratante	
11	Má gestão e supervisão do local	

12	Negociações contratuais prolongadas com o consultor	Consultor
13	Falta de experiência dos consultores em projectos de construção	
14	Erros e atrasos na elaboração dos documentos de projeto pelo consultor	
15	Pormenores pouco claros e inadequados nos desenhos	
16	Garantia/controlo de qualidade	
17	Critérios de normas de reforço pouco claros	Projeto
18	Limitação do sistema de engenharia	
19	A perceção dos métodos de reforço difere entre as partes interessadas	
20	Mudanças na gestão	
21	Custo do reforço	
22	Falta de comunicação entre as partes	

23	Tomada de decisão lenta para selecionar o método de reforço	
24	A reabilitação sísmica de edifícios é uma atividade nova para a maioria dos engenheiros de estruturas	
25	Equipamento inadequado	Mão de obra e equipamento
26	Equipamento moderno inadequado	
27	Falta de mão de obra qualificada	
28	Alterações nos tipos de materiais e especificações durante a construção	Materiais
29	Atraso na entrega do material	
30	Escassez de materiais de construção na tomada de decisões do consultor	
31	O tipo de betão utilizado	
32	Falta de eléctrodos para soldar o reforço de paredes de cisalhamento	
33	Problemas com os vizinhos	Externo

34	Flutuações de custo/moeda	
35	Efeito meteorológico (calor, chuva, etc.)	
36	Controlo do tráfego rodoviário	
37	Problema de localização da parede de cisalhamento	Viabilidade
38	Problema de localização de contraventamentos em aço	
39	Problemas de arquitetura	
40	É difícil remover o revestimento de betão para a execução de paredes de cisalhamento	
41	A operação de remoção da carpintaria e das instalações antes do reforço reduz o progresso do projeto.	Estaleiro de construção
42	A operação de betonagem em projectos de reforço é uma tarefa complexa	
43	A formatação nos projectos de reforço é difícil.	
44	A instalação de barras de reforço na parede de cisalhamento é uma atividade complexa	

3.5 Sistema de pontuação

Para a primeira e a segunda parte do questionário sobre as causas e os efeitos dos atrasos, foi utilizada uma escala de Likert de 5 pontos para estabelecer uma medida quantitativa do Índice de Importância Relativa (IIR).

Os valores da escala para o RII serão os indicados nos quadros 3.2 e 3.3.

Tabela 3.2. Escala de causas

OPÇÃO	Peso
Sempre	5
Normalmente	4
Frequentemente	3
Algumas vezes	2
Nunca	1

Quadro 3. 3. Escala de efeitos

OPÇÃO	Peso
Sempre	5
Normalmente	4
Frequentemente	3
Algumas vezes	2
Nunca	1

3.6 Determinação e seleção da dimensão da amostra

A população total abrangida por esta investigação é composta por cinco grupos: os proprietários, os engenheiros supervisores, os professores universitários com um grau de doutoramento em engenharia

estrutural ou sísmica, os engenheiros consultores e os empreiteiros que trabalham em projectos de construção de reforço em Mazandaran e Teerão.
Uma vez que a dimensão da população é desconhecida e não existe informação sobre a variância da população, a dimensão da amostra é calculada utilizando a seguinte fórmula: [52]

$$n = \left(\frac{Z_{\alpha/2} * \sigma}{\varepsilon}\right)^2 \quad ; \qquad \sigma = \frac{\max(xi) - \min(xi)}{6}$$

$Z_{\alpha/2}$ é um valor fixo que depende do intervalo de confiança e do nível de erro. Normalmente, considera-se que o erro é zero, o que foi obtido com base em investigações anteriores. Por conseguinte, o nível de confiança será equivalente a 95%. Assim, o valor de $Z_{\alpha/2}$ será de 1,96 com base na tabela estatística.
Por conseguinte
n = Tamanho da amostra
z = a quantidade de probabilidade padrão = 1,96 para um nível de confiança de 95%
a = Nível de erro = 5%
a = desvio padrão
s = Exatidão da estimativa = 10%
Além disso, como foi utilizado um questionário com uma escala de Likert de 5 pontos, o valor mais elevado será 5 e o mais baixo será 1. Por conseguinte, se o seu desvio-padrão for igual, pode ser utilizado um valor de 0,66.

Substituindo os valores acima na equação indicada, o valor da dimensão da amostra (n) é

$$n = \left(\frac{1.96 * 0.66}{0.1}\right)^2 = 170$$

igual a 170.
Assim, de acordo com a fórmula acima, a dimensão da amostra necessária é de 170 questionários. Tendo em conta a possibilidade de uma ausência total de resposta, foram distribuídos 250 questionários pelos cinco grupos.

3.6.1 Amostragem estratificada

Este método envolve a divisão da população em grupos homogéneos não sobrepostos (ou seja, estratos), a seleção de uma amostra de cada grupo e a realização de uma amostra aleatória simples em cada estrato. Os inquiridores utilizam várias técnicas de atribuição de amostras diferentes para distribuir as amostras nos estratos. Na atribuição proporcional, a dimensão da amostra num estrato é proporcional ao número de unidades no estrato. Na afetação igual, o mesmo número de unidades é retirado de cada estrato, independentemente da dimensão do estrato [53].

Uma vez que a dimensão de cada estrato é desconhecida, esta investigação tentou obter o mesmo número de unidades dos cinco estratos.

3.7 Recolha de dados

Entre os métodos disponíveis para a recolha de dados, foram adoptados dois métodos: a revisão da literatura e os questionários. A literatura foi revista para determinar o que outros documentaram sobre o assunto em causa. Foram recolhidas informações úteis de documentos de seminários e workshops, artigos de jornais e fontes da Internet.

Os questionários foram enviados por correio aos inquiridos (proprietários, consultores, professores universitários, engenheiros supervisores e empreiteiros), os formulários preenchidos foram enviados por correio ou fax para o investigador, e este método foi fraco. Foi utilizado outro método de recolha de dados, que envolveu chamadas telefónicas de acompanhamento e visitas a empresas e universidades, tendo a maior parte dos dados sido recolhida por este método. O investigador deu formulários aos inquiridos para responderem, e os formulários preenchidos foram recolhidos mais tarde. Em muitos casos, os engenheiros e os professores universitários enviaram por correio ou distribuíram os questionários aos inquiridos que conheciam e que tinham experiência em projectos de reforço. Durante um período de quatro (4) meses, o investigador recolheu cento e setenta e quatro (174) respostas de duzentos e cinquenta (250), o que significa que a taxa de resposta foi de 69,6 %.

3.8 Método de análise de dados

O presente estudo sugere duas técnicas para analisar as causas e os efeitos dos atrasos. Na primeira técnica, o

Índice de Importância Relativa (RII) de cada causa e efeito de atraso pode ser calculado e, de acordo com os valores mais elevados, são determinadas as causas e efeitos de atraso mais importantes dos projectos de reforço e, na segunda técnica, é escolhido o método do software de análise estatística (SPSS) para o procedimento de análise. A análise mais básica foi a análise estatística, incluindo a análise de correlação e o teste de hipóteses para determinar que relações surgiram nas causas do excesso de tempo.

3.8.1 Técnica do Índice de Importância Relativa

Kometa et al [54]. Utilizaram o método do Índice de Importância Relativa para determinar a importância relativa das várias causas e efeitos dos atrasos. O mesmo método vai ser adotado neste estudo em vários grupos (isto é, proprietários, consultores, professores universitários, supervisores e empreiteiros). Será adoptada uma escala de cinco pontos, de 1 (nunca) a 5 (sempre), para as causas e efeitos dos atrasos, que será transformada em índices de importância relativa (IIR) para cada fator, da seguinte forma

$$RII = \frac{\Sigma W}{A * N}$$

Em que W é a ponderação atribuída a cada fator pelos inquiridos (variando de 1 a 5), A é a ponderação mais elevada (ou seja, 5 neste caso) e N é o número total de inquiridos. O valor do RII variava entre 0 e 1 (0 não inclusivo); quanto mais elevado o valor do RII, mais importante era a causa ou o efeito dos atrasos.

O RII foi utilizado para classificar (R) as diferentes causas. Estas classificações permitiram avaliar a importância relativa dos factores, de acordo com a perceção dos cinco grupos de inquiridos. O RII de cada causa individual percebida por todos os inquiridos deve ser utilizado para avaliar as classificações gerais, a fim de dar uma imagem global das causas dos atrasos no reforço da indústria. Foi adotado o mesmo procedimento para classificar os efeitos. Os índices (RII) foram então utilizados para determinar a classificação de cada item (efeitos). Estas classificações permitiram comparar a importância relativa dos elementos na perceção dos cinco grupos de inquiridos.

3.8.2 Software de análise estatística (SPSS)

Foi preparada uma análise separada para cada ramo dos dados recolhidos, utilizando um software de análise estatística (SPSS 22), incluindo as causas e os efeitos do atraso nos projectos de reforço por paredes de cisalhamento e contraventamento de aço, que foram depois comparados entre cinco grupos de inquiridos. Neste estudo foram utilizados os seguintes tipos diferentes de instrumentos estatísticos:

3.8.2.1 Validade e fiabilidade do questionário

Validade significa que o instrumento de medida pode medir a caraterística desejada.

A validade é um fator teórico importante e depende da opinião de peritos. Para avaliar a validade do questionário, é utilizado o método da validade de conteúdo. A validade de conteúdo garante que todas as dimensões e componentes que podem refletir o conceito desejado estão incluídas na medida [55]. Para a validação do questionário, recorreu-se a professores e peritos neste domínio e os seus pontos de vista foram considerados como critérios para a alteração do questionário.

A fiabilidade da medida significa que a medida extrai dados exactos e permanece estável ao longo do tempo, dando o mesmo resultado. A consistência interna da medida é um índice de consistência da afirmação na medida que reflecte o conceito. Por outras palavras, a afirmação deve agir em conjunto como um conjunto e medir independentemente o mesmo conceito [55].

A fiabilidade da coerência entre perguntas é um conjunto de coerência das respostas dos inquiridos a todas as perguntas de um questionário. Com a fiabilidade, queremos saber em que medida o instrumento de medida obtém o mesmo resultado nos mesmos termos. O teste de fiabilidade mais comum é o coeficiente alfa de Cronbach, que tem sido frequentemente utilizado para questões multi-escalares [52].

Neste questionário, foi utilizado o coeficiente alfa de Cronbach. Com este teste, queremos saber até que ponto as percepções dos inquiridos sobre as perguntas são as mesmas.

O valor do alfa de Cronbach varia entre 0 e 1. A fiabilidade é baixa quando o valor de Cronbach a é inferior a 0,3 e não pode ser aceite. A fiabilidade é elevada quando o valor de Cronbach a é superior a 0,7 [56],[57]. Obviamente, se o valor alfa for baixo, o seu valor deve ser aumentado através da eliminação de algumas perguntas [52].

O coeficiente alfa de Cronbach é de 0,714 para o questionário sobre as causas dos atrasos e de 0,710 para o questionário sobre os efeitos dos atrasos, o que indica uma boa fiabilidade. A fiabilidade foi calculada pelo SPSS. Os pormenores são apresentados no apêndice B.

3.7.1.1 Hipóteses estatísticas

As hipóteses estatísticas são afirmações escritas por símbolos e parâmetros estatísticos, e o papel orientador do investigador consiste em escolher um teste estatístico.

Qualquer hipótese do investigador divide-se em duas hipóteses estatísticas:

- Hipótese nula H0:

Quando testamos hipóteses, partimos do princípio de que os dados observados não diferem do que seria esperado com base no acaso, e a distribuição de amostragem da estatística é utilizada para indicar o que se espera que aconteça por acaso. A suposição de que os dados observados reflectem apenas o que seria esperado com base na distribuição de amostragem é designada por hipótese nula, simbolizada por H0.

Uma vez que a hipótese nula especifica o resultado menos interessante possível, o investigador espera poder rejeitar a hipótese nula, ou seja, poder concluir que os dados observados foram causados por algo diferente do acaso [58].

- Hipótese alternativa H1:

Tal como a hipótese nula, a hipótese alternativa é expressa como um parâmetro. A hipótese alternativa indica a expetativa do investigador em relação aos resultados da investigação.

3.8.2.3 Teste de Kolmogorov-Smirnov

Para determinar o estado normal da distribuição das variáveis, foi utilizado o teste de Kolmogorov-Smirnov. Neste teste, a hipótese nula que vamos testar é a distribuição das observações e uma determinada distribuição que adivinhamos que a distribuição das observações é consistente com a determinada distribuição por diferentes evidências. Se o valor significativo for maior ou igual a 5% do nível de erro, então não há razão para rejeitar a hipótese nula. Por outras palavras, a distribuição dos dados será normal [52].

Neste questionário, o valor significativo é 0,00. Assim, a distribuição dos dados não é normal. Os pormenores são apresentados no apêndice C.

3.8.2.4 Teste não paramétrico

Como a distribuição dos dados não é normal, serão utilizados os testes não paramétricos. A estatística não paramétrica não requer qualquer pressuposto sobre a distribuição.

O coeficiente de correlação de Kendall e a correlação de postos de Spearman são os testes não paramétricos mais importantes que serão examinados nesta tese.

3.8.2.4.1 Coeficiente de concordância de Kendall

O coeficiente de concordância de Kendall para as classificações (W) calcula as concordâncias entre 3 ou mais classificadores à medida que classificam um certo número de indivíduos de acordo com determinadas características. O W de Kendall representa a concordância, em que 0 significa que não há qualquer concordância e 1 representa uma concordância perfeita.

A hipótese nula para o teste de Kendall é que não existem diferenças entre as variáveis. Se a probabilidade calculada for baixa (P inferior ao nível de significância selecionado), a hipótese nula é rejeitada e pode concluir-se que pelo menos 2 das variáveis são significativamente diferentes entre si [52].

O teste estatístico é expresso da seguinte forma:

$H0\colon \mu 1 = \mu 2 = \mu 3 = \ldots = \mu 9$

H1: Nem todos os meios são iguais.

Nível de significância $\alpha = 0.05$ e rejeitar a hipótese nula se o valor p for < 0,05.

Nesta investigação:

Hipótese nula (H0): não existe uma concordância significativa entre os inquiridos na classificação das causas dos factores de atraso e dos seus efeitos.

Hipótese alternativa (H1): existe uma concordância significativa entre os inquiridos na classificação das causas dos factores de atraso e dos seus efeitos.

3.8.2.4.2 Correlação

A correlação é uma medida que expressa a relação existente entre diferentes partes ou factores e a força e direção dessa relação.

O coeficiente de correlação (r) varia entre um valor de +1 e -1, em que + 1 implica uma relação positiva perfeita (concordância), enquanto - 1 resulta de uma relação negativa perfeita (discordância). Pode então dizer-se que as estimativas amostrais do coeficiente de correlação próximas da unidade em magnitude implicam uma boa correlação, enquanto os valores próximos de zero indicam pouca ou nenhuma correlação [59].

O método de correlação de postos adequado para determinar a relação entre os factores de atraso em causa neste estudo é a correlação de Spearman. O coeficiente de correlação de Spearman é uma medida não paramétrica da dependência estatística entre duas variáveis. Este método de correlação foi utilizado para examinar a relação entre os factores que afectam o tempo de construção e a correlação entre as causas e os efeitos mais importantes dos atrasos.

Capítulo 4
Análise e discussão dos dados

4.1 Introdução

Este capítulo apresenta e discute os resultados dos dados do inquérito recolhidos e a sua análise. Consiste na análise descritiva dos dados, nos resultados relativos aos atrasos nos projectos de reforço e nas causas dos atrasos e seus efeitos, que apresentam e determinam o índice de importância relativa (IIR) das várias causas e efeitos dos atrasos. Será determinada a classificação das causas de atraso, bem como a correlação de classificação, e será testada a hipótese de concordância na classificação entre as partes. Em seguida, são apresentadas as causas e os efeitos mais importantes referidos pelos inquiridos.

4.2 Análise descritiva dos dados

Neste tipo de análise, são mostradas as características demográficas dos inquiridos, como a idade, a educação, o emprego e a distribuição por género. Esta análise foi efectuada com recurso ao software de análise estatística (SPSS).

Esta investigação identificou quantos dos inquiridos são homens ou mulheres. Identificou também a distribuição da idade, profissão e habilitações literárias entre os nossos inquiridos.

4.2.1 Frequência dos inquiridos por género

A distribuição do género dos inquiridos é apresentada abaixo. Como mostram os dados, 88,5% dos inquiridos são do sexo masculino, o que equivale a 154 inquiridos num total de 174. A participação feminina neste inquérito foi de 11,5 por cento. A tabela 4.1 e a figura 4.1 apresentam-nos em pormenor.

Quadro 4.1: Distribuição por **género dos inquiridos**

Género

	Frequência	Percentage m	Percentagem válida	Percentagem acumulada
Homem válido	154	88.5	88.5	88.5
feminino	20	11.5	11.5	100.0
Total	174	100.0	100.0	

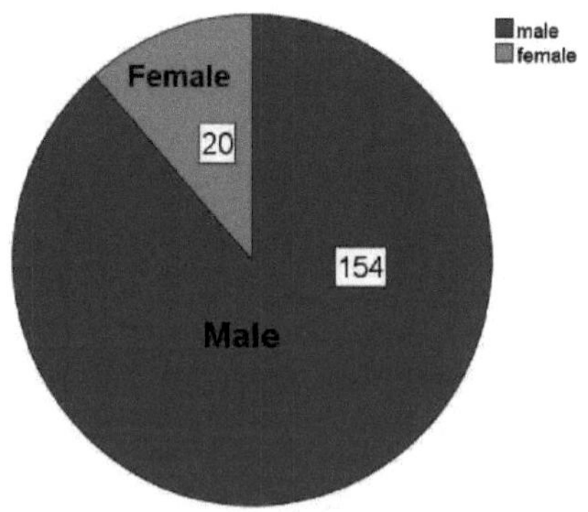

Figura 4.1. Distribuição por género dos inquiridos

4.2.2 Frequência dos inquiridos por idade

Esta secção mostra a distribuição da idade dos inquiridos. Como mostra a tabela 4.2, 56,9 por cento têm entre 30 e 40 anos. 40,2% estão na segunda categoria, ou seja, entre os 40 e os 50 anos. Apenas 2,9 por cento têm mais de 50 anos de idade. A frequência dos dados é apresentada na figura 4.2.

Quadro 4.1.2 **Distribuição etária dos inquiridos**

Idade

	Frequência	Percentagem	Percentagem válida	Percentagem acumulada
Válido 30-40	99	56.9	56.9	56.9
40-50	70	40.2	40.2	97.1
>50	5	2.9	2.9	100.0
Total	174	100.0	100.0	

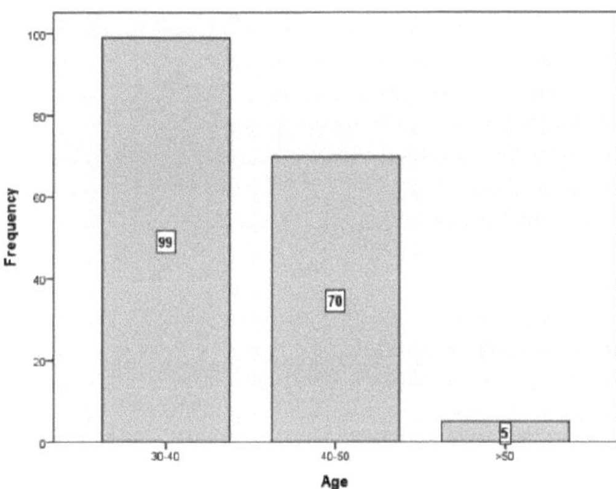

Figura 4.2. Distribuição etária dos inquiridos

1.1.3 Frequência dos inquiridos por profissão

Esta secção apresenta a descrição dos inquiridos que participaram no questionário, incluindo 22 proprietários, 40 empreiteiros, 40 professores universitários com um doutoramento em engenharia estrutural ou sísmica, 35 engenheiros consultores e 37 engenheiros supervisores. Estes inquiridos estão localizados em Mazandaran e Teerão. A tabela 4.3 e a figura 4.3 descrevem o número de participantes nos inquéritos por questionário.

Tabela 4.3. Distribuição do emprego dos inquiridos

Emprego

Frequência		Percentagem	Percentagem válida	Acumulado Percentagem
Consultor válido	35	20.1	20.1	20.1

supervisor	37	21.3	21.3	41.4
proprietário	22	12.6	12.6	54.0
Doutoramento	40	23.0	23.0	77.0
contratante	40	23.0	23.0	100.0
Total	174	100.0	100.0	

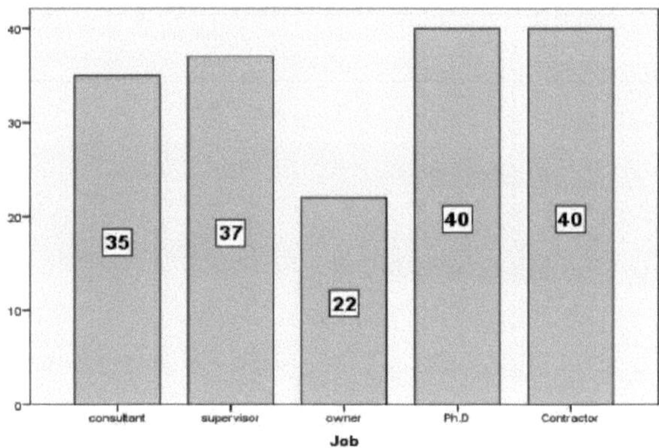

Figura 4.3. Distribuição do emprego dos inquiridos

1.1.4 Frequência de inquiridos por habilitações literárias

Como mostram os resultados, 37,4% dos inquiridos têm um diploma de bacharelato. 57% dos inquiridos têm o grau de mestre. 52% têm o grau de doutoramento. Os pormenores destes dados são apresentados na tabela 4.4 e na figura 4.4.

Tabela 4.4. Distribuição das habilitações literárias dos inquiridos

Educação

	Frequência	Percentagem	Percentagem válida	Percentagem acumulada
Licenciatura válida	65	37.4	37.4	37.4
Mestrado	57	32.8	32.8	70.1
Doutoramento	52	29.9	29.9	100.0

Total	174	100.0	100.0	

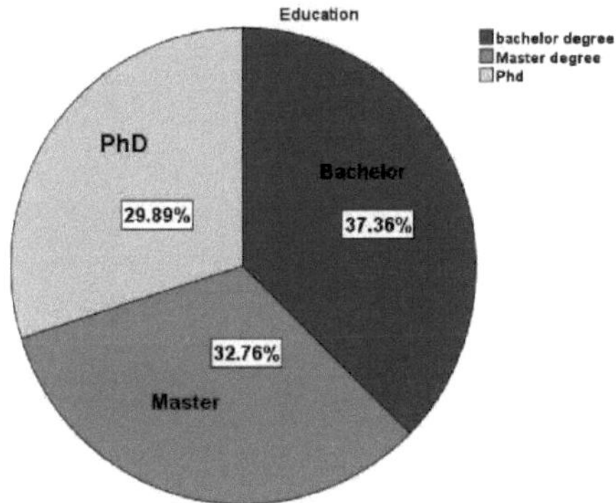

Figura 4.4. Distribuição das habilitações literárias dos inquiridos

1.1.5 Frequência dos inquiridos por experiência

A experiência dos inquiridos é ilustrada na figura 4.5. A Tabela 4.5 mostra o número e a proporção da experiência dos participantes, medida em anos. A análise indica que mais de 70 por cento dos inquiridos tinham mais de 10 anos de experiência.

Tabela 4.5. Distribuição da experiência dos inquiridos

Experiência

	Frequência	Percentagem	Percentagem válida	Percentagem acumulada
Válido <10	3	1.7	1.7	1.7
10-20	130	74.7	74.7	76.4
20-30	36	20.7	20.7	97.1
>30	5	2.9	2.9	100.0
Total	174	100.0	100.0	

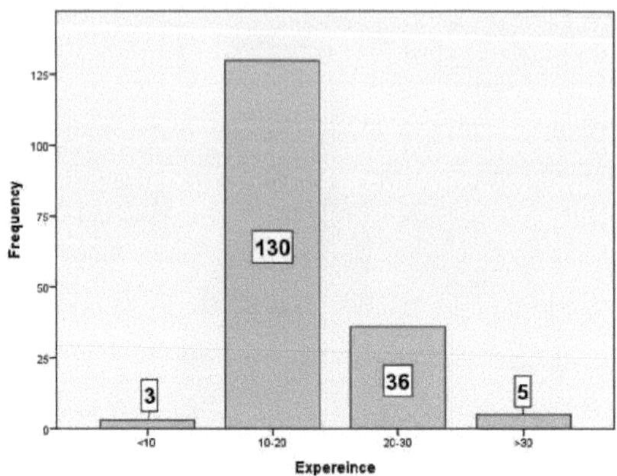

Figura 4.5 Distribuição da experiência dos inquiridos

4.3 Técnica do Índice de Importância Relativa

4.3.1 Classificação das causas de excesso de tempo

A classificação das causas do excesso de tempo foi avaliada com o método do índice de importância relativa (RII). O índice de importância relativa, RII, foi calculado para cada causa, a fim de identificar as causas mais significativas. As causas foram classificadas com base nos valores do RII. A partir da classificação atribuída a cada causa de atrasos, esta investigação conseguiu identificar os factores ou causas mais importantes de atrasos no reforço com paredes de cisalhamento e contraventamento de aço. Os resultados da classificação são apresentados na Tabela 4.6.

Os resultados da Tabela 4.7 mostram que as dez causas mais importantes de atrasos no reforço foram: (1) atrasos no financiamento e no pagamento dos trabalhos concluídos pelo proprietário (RII=0,872), (2) planeamento irrealista da duração do contrato (RII=0,842), (3) falta de mão de obra qualificada (RII=0,836), (4) perceção dos métodos de reforço diferente entre as partes interessadas (RII=0,834), (5) equipamento moderno inadequado (RII=0.817), (6) planeamento e calendarização ineficazes do projeto (RII=0,806), (7) experiência inadequada do empreiteiro (RII=0,794), (8) custo do reforço (RII=0,773), (9) problemas contratuais (RII=0,754) e (10) critérios de normas de reforço pouco claros (RII=0,748).

Tabela 4.6. Classificação das causas

Q	Causas dos atrasos	1	2	3	4	5	RII	Classificação
	Causas relacionadas com o proprietário							
Q8	Tipo de concurso de projeto (proponente com a proposta mais baixa)	0.0	3.4	27.0	50.0	19.5	0.653	24
Q13	Problemas contratuais	0.0	1.1	31.6	55.7	11.5	0.754	9
Q18	Ordens de variação/mudanças de âmbito pelo proprietário durante a construção	0.0	20.1	48.9	29.3	1.7	0.625	28
Q19	Interferência do proprietário	1.1	28.2	33.9	31.6	5.2	0.623	29
Q20	Duração irrealista do contrato	0.0	0.0	0.6	78.2	21.3	0.842	2
Q21	Atraso no financiamento e no pagamento das obras concluídas pelo proprietário	0.0	1.7	13.2	31.6	53.4	0.872	1
	Causas relacionadas com o empreiteiro							
Q5	Experiência inadequada do contratante	0.0	0.0	14.9	73.0	12.1	0.794	7

Q14	Planeamento e calendarização ineficazes do projeto	0.0	0.6	28.2	39.1	32.2	0.806	6
Q15	Dificuldades em cumprir os requisitos de apresentação de relatórios durante o projeto	0.0	7.5	53.4	33.9	5.2	0.673	19
Q16	Má gestão e supervisão do local	0.0	25.3	52.3	17.2	5.2	0.604	30
Q25	Dificuldades de financiamento do projeto pelo contratante	0.0	17.2	32.8	47.1	2.9	0.671	20
	Causas relacionadas com o consultor							
Q4	Falta de experiência dos consultores em projectos de construção	2.3	19.0	28.2	44.3	6.3	0.667	21
QH	negociações contratuais prolongadas com o consultor	0.0	0.6	35.1	57.5	6.9	0.742	12
Q22	Erros e atrasos na elaboração dos documentos de projeto pelo consultor	0.0	5.2	46.6	44.3	4.0	0.694	17
Q23	Pormenores pouco claros e inadequados nos desenhos	0.0	31.6	25.3	36.8	6.3	0.635	26
Q24	Garantia/controlo de qualidade	2.9	21.3	54.0	17.8	4.0	0.597	31
	Causas relacionadas com o material							

Q26	Atraso na entrega do material	0.0	5.7	39.7	48.9	5.7	0.709	14
Q27	Escassez de materiais de construção	1.7	11.5	21.8	62.6	2.3	0.704	15
Q28	Alterações nos tipos de materiais e especificações durante a construção	0.0	21.3	40.2	31.6	6.9	0.648	25
Q40	Falta de eléctrodos para soldar paredes de cisalhamento de reforço	16.1	74.7	9.2	0.0	0.0	0.385	43
Q42	O tipo de betão utilizado	0.0	0.0	27.0	73.0	0.0	0.746	11

Q	Causas dos atrasos	1	2	3	4	5	RII	Classificação
	Causas relacionadas com a mão de obra e o equipamento							
Q6	Escassez de mão de obra qualificada	0.0	0.0	8.0	65.5	26.4	0.836	3
Q29	Equipamento inadequado	0.0	0.6	70.7	27.0	1.7	0.659	23

Q30	Equipamento moderno inadequado	0.0	0.0	5.2	81.0	13.8	0.817	5
	Causas relacionadas com o projeto							
Q12	Custo do reforço	0.0	1.1	29.9	50.0	19.0	0.773	8
Q2	Critérios de normas de reforço pouco claros	0.0	0.0	26.4	73.0	0.6	0.748	10
Q3	Limitação do sistema de engenharia	45.4	34.5	12.6	6.3	1.1	0.365	44
Q7	Tomada de decisão lenta para selecionar o método de reforço	0.0	7.5	47.7	33.9	10.9	0.696	16
Q9	Falta de comunicação entre as partes	0.0	10.3	48.3	32.8	8.6	0.679	18
Q10	A perceção dos métodos de reforço difere entre as partes interessadas	0.0	0.0	3.4	75.9	20.7	0.834	4
Qi	A reabilitação sísmica de edifícios é uma atividade nova para a maioria dos engenheiros de estruturas	0.0	5.7	33.9	50.0	10.3	0.729	13
Q17	Mudanças na gestão	2.3	48.9	26.4	16.1	6.3	0.550	37
	Causas externas							

Q31	Efeito meteorológico (calor, chuva, etc.)	0.6	9.2	51.1	33.9	5.2	0.666	22
Q32	Problemas com os vizinhos	0.0	44.2	27.6	16.1	12.1	0.592	32
Q33	Controlo do tráfego rodoviário	0.0	12.6	60.9	24.1	2.3	0.631	27
Q34	Flutuações de custo/moeda	0.0	39.1	34.5	17.8	8.6	0.591	33
	Causas relacionadas com a viabilidade							
Q35	Problemas de arquitetura	0.0	54.6	37.4	6.9	1.1	0.509	39
Q36	Problema de localização de contraventamentos em aço	0.6	49.4	35.1	11.5	3.4	0.535	38
Q37	Problema de localização da parede de cisalhamento	0.0	22.4	73.0	4.0	0.6	0.565	34
	Causas do estaleiro de construção							
Q38	É difícil remover o revestimento de betão para a execução de paredes de cisalhamento	0.0	83.3	15.5	0.6	0.6	0.437	42
Q39	A operação de remoção da carpintaria e das instalações antes do reforço reduz o progresso do projeto	0.0	0.7	73.6	5.2	0.6	0.492	40

Q41	A operação de betonagem em projectos de reforço é uma tarefa complexa	0.0	46.0	44.8	8.6	0.6	0.527	36
Q43	A formatação dos projectos de reforço é difícil	2.3	37.4	43.1	15.5	1.7	0.553	35
Q44	A instalação de barras de reforço na parede de cisalhamento é uma atividade complexa	0.0	64.9	31.0	4.0	0.0	0.477	41

Quadro 4.7. Dez causas mais importantes dos atrasos no reforço

Q	Causas dos atrasos	RII	Classificação
Q21	Atraso no financiamento e no pagamento das obras concluídas pelo proprietário	0.872	1
Q20	Duração irrealista do contrato	0.842	2
Q6	Falta de mão de obra qualificada	0.836	3
Q10	A perceção dos métodos de reforço difere entre as partes interessadas	0.834	4
Q30	Equipamento moderno inadequado	0.817	5
Q14	Planeamento e calendarização ineficazes do projeto	0.806	6
Q5	Experiência inadequada do contratante	0.794	7
Q12	Custo do reforço	0.773	8
Q13	Problemas contratuais	0.754	9
Q2	Critérios de normas de reforço pouco claros	0.748	10

De acordo com o índice de importância relativa das causas de atraso, parece que os pormenores dos factores executivos relacionados com os projectos de reforço por paredes de cisalhamento e contraventamento de aço não são tão importantes como outros factores. As dez causas mais importantes dos atrasos nos projectos de reforço são apresentadas na Figura 4.6.

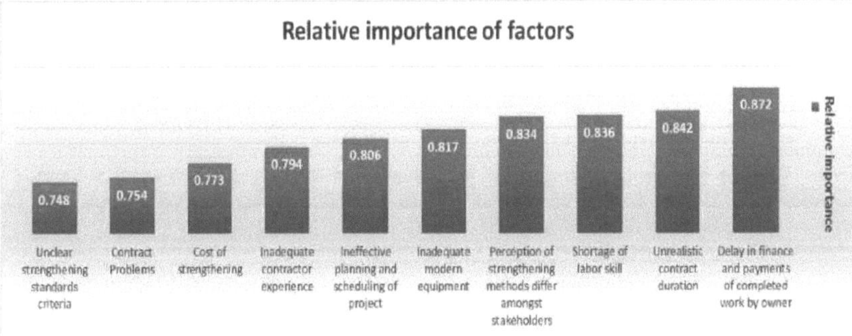

Figura 4.6 Causas importantes de atraso

A tabela 4.8 resume o RII e a classificação das categorias de causas de atraso segundo a perceção de todos os inquiridos. Com base na classificação, as causas de atraso mais importantes estão relacionadas com a categoria mão de obra e equipamento (RII=0,770). Ver figura 4.7 abaixo

Quadro 4.8. RII e classificação das categorias de causas de atraso

Categoria	RII	Classificação
Trabalho e equipamento relacionados	0.770	1
Relacionado com o proprietário	0.728	2
Relacionado com o contratante	0.709	3
Relacionado com o projeto	0.671	4
Consultor relacionado	0.667	5
Material relacionado	0.638	6
Relacionado com o exterior	0.620	7
Viabilidade relacionada	0.536	8
Causas do estaleiro de construção	0.497	9

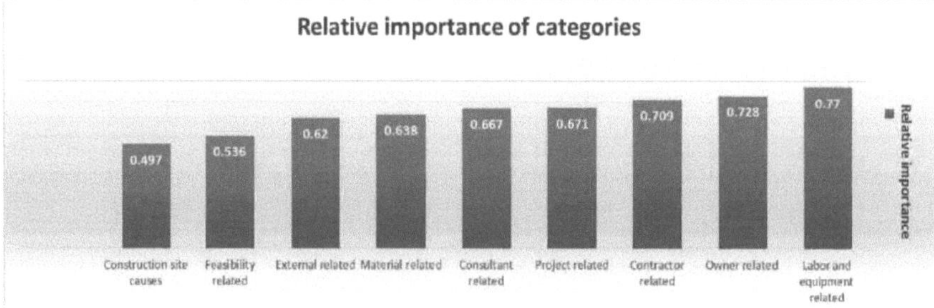

Figura 4.7. Importância das categorias de causas de atraso

4.3.2 Classificação dos efeitos do atraso

O mesmo procedimento foi adotado para classificar os efeitos. Os índices (RII) foram utilizados para determinar a classificação de cada item (efeitos). Os resultados da classificação são apresentados no Quadro 4.9. Com base na classificação, os cinco efeitos importantes do reforço dos atrasos foram os seguintes: litígio (RII = 0,856), derrapagem dos custos (RII = 0,819), derrapagem dos prazos (RII = 0,818), aumento do stress do empreiteiro (RII = 0,816) e litígio (RII = 0,661).

Tabela 4.9. Classificação dos efeitos

Q	Efeitos do atraso	1	2	3	4	5	RII	Classificação

Q45	Ultrapassagem de custos	0.0	0.0	0.0	90.2	9.8	0.819	2
Q46	Tempo excedido	0.0	0.0	0.0	90.8	9.2	0.818	3
Q47	Litígio	0.0	0.0	6.9	58.0	35.1	0.856	1
Q48	Má qualidade	0.0	60.9	39.1	0.0	0.0	0.478	10
Q49	Atraso na prestação	0.0	59.8	40.2	0.0	0.0	0.480	9
Q50	litígio	0.0	7.5	54.5	38.0	0.0	0.661	5
Q51	Aumento do stress para o contratante	0.0	0.0	0.0	92.0	8.0	0.816	4
Q52	Abandono total	0.0	82.2	17.8	0.0	0.0	0.435	11
Q53	Recursos humanos e recursos não humanos ociosos	0.0	50.0	48.9	1.1	0.0	0.502	8
Q54	Impacto negativo nas estruturas circundantes	0.0	38.5	61.5	0.0	0.0	0.523	6
Q55	Efeitos sociais negativos	0.6	41.4	58.0	0.0	0.0	0.513	7

4.4 Teste não paramétrico

4.4.1 Coeficiente de correlação de Kendall

A Tabela 4.10 mostra as estatísticas de Kendall obtidas na segunda parte do questionário, 0,593, o que indica uma correlação de 60% entre os inquiridos relativamente aos factores de atraso. O nível de significância de 0,00 obtido neste estudo mostra que existe um coeficiente de correlação significativo. A estatística obtida na terceira parte do questionário é de 0,84. De acordo com esta estatística, existe uma correlação elevada entre as opiniões dos inquiridos relativamente aos efeitos negativos dos atrasos neste questionário. A Tabela 4.11 mostra os pormenores.

Quadro 4.10. Coeficiente de correlação de Kendall para as causas de atraso

Estatísticas de teste

N	174
Kendall's Wa	.593
Qui-quadrado	825.788
df	8
Asymp. Sig.	.000

a. Coeficiente de concordância de Kendall

Quadro 4.11. Coeficiente de correlação de Kendall para os efeitos do atraso

Estatísticas de teste

N	174
Kendall's Wa	.841
Qui-quadrado	1609.748
df	11
Asymp. Sig.	.000

a. Coeficiente de concordância de Kendall

4.4.2 Correlação de Spearman

4.4.2.1 Correlação entre factores de excesso de tempo

Foi realizado o teste de correlação de Spearman para examinar a relação entre os factores que afectam o tempo de construção. Os resultados são apresentados no apêndice D. De acordo com o resultado do SPSS, o valor significativo é inferior a 0,05 para alguns factores, pelo que a hipótese nula é rejeitada e pode considerar-se que os erros e os atrasos na produção de documentos de projeto pelo consultor estão altamente correlacionados com a falta de experiência do consultor em projectos de construção, com um valor de correlação de 0,466, enquanto os pormenores pouco claros e inadequados nos desenhos estão altamente correlacionados com a perceção de que os métodos de reforço diferem entre as partes interessadas (0,401). Do mesmo modo, a lentidão na tomada de decisões para a seleção do método de reforço tem uma correlação positiva elevada com o custo do reforço e a falta de comunicação entre as partes. Tem uma correlação moderada com o atraso na entrega dos materiais e com as alterações dos tipos e especificações dos materiais durante a construção. A ineficácia do planeamento e da programação do projeto foi moderadamente correlacionada com erros e atrasos na produção de documentos de conceção pelo consultor, com um valor de correlação de 0,364. O quadro 4.12 apresenta o resumo da correlação entre os factores.

Tabela 4.12. Correlação entre os factores de excesso de tempo

Fator	Correlação moderada	Correlação elevada
Má gestão e supervisão do local	• Falta de comunicação entre as partes • Atraso no financiamento e no pagamento das obras concluídas pelo proprietário	• Experiência inadequada do contratante • Dificuldades em cumprir os requisitos de apresentação de relatórios durante o projeto

Tomada de decisão lenta para selecionar o método de reforço	• O reforço de edifícios é ainda uma atividade nova para a maioria dos engenheiros de estruturas • Mudanças na gestão • A perceção dos métodos de reforço difere entre as partes interessadas • A escassez de materiais de construção afecta a tomada de decisões do consultor	• Custo do reforço • Falta de comunicação entre as partes • Equipamento inadequado • Equipamento moderno inadequado • Escassez de mão de obra qualificada
Tipo de concurso de projeto (proponente com a proposta mais baixa)	• Critérios de normas de reforço pouco claros • Limitação do sistema de engenharia • Custo do reforço	• O reforço de edifícios é ainda uma atividade nova para a maioria dos engenheiros de estruturas • Problemas contratuais
Erros e atrasos na elaboração dos documentos de projeto pelo consultor	• Negociações contratuais prolongadas com o consultor • Problemas contratuais	• Falta de experiência dos consultores em projectos de construção • Pormenores pouco claros e inadequados nos desenhos • Garantia/controlo de qualidade
Planeamento e calendarização ineficazes do projeto	• Erros e atrasos na elaboração dos documentos de projeto pelo consultor • Atraso no financiamento e no pagamento das obras concluídas pelo proprietário	• Pormenores pouco claros e inadequados nos desenhos • Problemas contratuais • Interferência do proprietário • Duração irrealista do contrato

Atraso na entrega do material	- Alterações nos tipos de materiais e especificações durante a construção - Controlo e restrição do tráfego no local de trabalho - Efeito meteorológico (calor, chuva, etc.)	- Atraso no financiamento e no pagamento das obras concluídas pelo proprietário - Flutuações de custo/moeda
Problemas de arquitetura	- Critérios de normas de reforço pouco claros	- Problema de localização de contraventamentos em aço - Problema de localização da parede de cisalhamento
Problemas de execução de paredes de cisalhamento	- Equipamento inadequado - Falta de eléctrodos - A operação de betonagem é uma tarefa complexa	- Falta de mão de obra qualificada

4.4.2.2 Correlação entre as dez causas e os efeitos mais importantes dos atrasos Esta investigação tenta estabelecer a relação entre as causas e os efeitos através de dados observáveis. A identificação das causas e dos efeitos, por si só, não ajuda os gestores de projectos a tomar medidas correctivas ou preventivas adequadas. Os gestores de projectos precisam de compreender, por exemplo, quais as causas ou os factores que resultam em ultrapassagem de prazos ou de custos. Por conseguinte, foi efectuado um teste de correlação de Spearman para estudar as relações entre as dez causas e os efeitos mais importantes. Os pormenores são apresentados no Apêndice F.

Existe uma correlação moderada entre as dez principais causas e efeitos dos atrasos. Os resultados indicam que o excesso de custos está moderadamente correlacionado com uma experiência inadequada do empreiteiro e com equipamento moderno inadequado. Existe uma correlação moderada com o litígio e a perceção de que os métodos de reforço diferem entre as partes interessadas, com um valor de correlação de 0,281. O abandono total e a inatividade dos recursos humanos e dos recursos não humanos foram moderadamente correlacionados com o atraso no financiamento e no pagamento dos trabalhos concluídos pelo proprietário. O Quadro 4.13 apresenta o resumo da correlação entre eles no projeto de reforço.

Quadro 4.13. Correlação entre as dez causas e efeitos mais importantes dos atrasos

Efeitos	Causas de atraso
Ultrapassagem de custos	• Experiência inadequada do contratante • Equipamento moderno inadequado

Tempo excedido	• Falta de mão de obra qualificada • Atraso no financiamento e no pagamento das obras concluídas pelo proprietário • Experiência inadequada do contratante
Má qualidade	- Equipamento moderno inadequado
Efeitos sociais negativos	• Critérios de normas de reforço pouco claros • Experiência inadequada do contratante
litígio	• Planeamento e calendarização ineficazes do projeto • Problemas contratuais • Atraso no financiamento e no pagamento das obras concluídas pelo proprietário
Aumento do stress para o contratante	• Planeamento e calendarização ineficazes do projeto • Atraso no financiamento e no pagamento das obras concluídas pelo proprietário
Abandono total	• A perceção dos métodos de reforço difere entre as partes interessadas • Atraso no financiamento e no pagamento das obras concluídas pelo proprietário • Problemas contratuais
Recursos humanos e recursos não humanos ociosos	• A perceção dos métodos de reforço difere entre as partes interessadas • Atraso no financiamento e no pagamento das obras concluídas pelo proprietário

Impacto negativo nas estruturas circundantes	- Falta de mão de obra qualificada
Litígio	• Critérios de normas de reforço pouco claros • A perceção dos métodos de reforço difere entre as partes interessadas • Duração irrealista do contrato • Atraso no financiamento e no pagamento das obras concluídas pelo proprietário

4.5 Discussão dos resultados

Esta secção analisa os resultados obtidos neste capítulo. Como mencionado anteriormente, as dez causas mais importantes de atrasos no reforço foram (1) atrasos no financiamento e no pagamento dos trabalhos concluídos pelo proprietário (RII=0,872), (2) planeamento irrealista da duração do contrato (RII=0,842), (3) falta de mão de obra qualificada (RII=0,836), (4) perceção dos métodos de reforço diferente entre as partes interessadas (RII=0,834), (5) equipamento moderno inadequado (RII=0.817), (6) planeamento e calendarização ineficazes do projeto (RII=0,806), (7) experiência inadequada do empreiteiro (RII=0,794), (8) custo do reforço (RII=0,773), (9) problemas contratuais (RII=0,754) e (10) critérios de normas de reforço pouco claros (RII=0,748).

De acordo com os resultados obtidos, a causa mais importante de atraso foi: atraso no financiamento e nos pagamentos do trabalho concluído pelo proprietário. Por outro lado, os resultados da classificação das categorias mostraram que as causas mais importantes estavam relacionadas com a categoria de mão de obra e equipamento. Por conseguinte, os atrasos resultantes não devem ser considerados isoladamente, mas devem também considerar todos os factores relacionados com cada grupo.

Os cinco efeitos importantes dos atrasos identificados foram: litígio (RII=0,856), excesso de custos (RII=0,819), excesso de tempo (RII=0,818), aumento do stress do empreiteiro (RII=0,816) e litígio (RII=0,661).

4.5.1 Atraso no financiamento e no pagamento das obras concluídas pelo proprietário

Os projectos de reforço envolvem grandes quantias de dinheiro e a maioria dos empreiteiros tem muita dificuldade em suportar os pesados custos diários de construção quando os pagamentos estão atrasados. O progresso do trabalho pode ser atrasado devido aos pagamentos atrasados dos proprietários porque o fluxo de caixa é inadequado para suportar as despesas de construção, especialmente para os empreiteiros que não são financeiramente sólidos. Os problemas financeiros dos proprietários durante a fase de execução de um projeto levam a problemas para os empreiteiros, como o pagamento dos salários dos trabalhadores, empregados e subempreiteiros, a compra dos materiais necessários para o projeto e o pagamento do aluguer de máquinas e equipamentos.

4.5.2 Planeamento irrealista da duração do contrato

Nos projectos de reforço, os detalhes do desenho antes de qualquer projeto não estão completamente disponíveis. Assim, a duração do contrato não pode ser planeada atualmente. Uma das coisas mais prejudiciais para os projectos de construção é quando há um atraso significativo no projeto. Isto pode prejudicar o proprietário, porque ameaça potencialmente as suas receitas previstas do projeto. Para os empreiteiros, os atrasos podem criar despesas inesperadas e sensíveis ao tempo, como o aumento dos custos de material e equipamento, o aumento das despesas gerais no local de trabalho e o aumento das despesas gerais no escritório. Por conseguinte, devem ser despendidos tempo e esforços suficientes na fase de pré-construção para estudos de viabilidade, conceção e levantamento e exploração do local, a fim de obter uma melhor estimativa da duração.

4.5.3 Escassez de mão de obra qualificada

Infelizmente, a escassez de mão de obra no projeto de reforço por paredes de cisalhamento e contraventamento de aço tornou difícil para os empreiteiros encontrarem os trabalhadores da construção. Mas o problema não é só a falta de trabalhadores, é também a falta de mão de obra qualificada.

A qualidade e a quantidade da mão de obra podem ter um grande impacto nos projectos de reforço. A baixa qualidade e produtividade dos trabalhadores têm impacto no progresso do projeto e conduziram a atrasos dispendiosos.

4.5.4 A perceção dos métodos de reforço difere entre as partes interessadas

Uma vez que há muitas partes envolvidas num projeto (proprietário, consultor, empreiteiro, subempreiteiros), a comunicação entre as partes é muito crucial para o sucesso do projeto. Existe também uma falta de compreensão dos métodos de reforço entre os responsáveis pela execução do projeto, o que levou a que os métodos de reforço não fossem finalizados. As decisões sobre os métodos de reforço envolvem a avaliação e a seleção de um curso de ação adequado para reduzir as perdas resultantes de catástrofes sísmicas. A decisão final de adotar métodos de reforço seria também influenciada pela conformidade com os regulamentos de construção, a obtenção de lucros, a conservação do património e a garantia de segurança. Durante a fase de planeamento, devem ser estabelecidos canais de comunicação adequados entre as várias partes. Qualquer problema de comunicação pode levar a graves mal-entendidos e, por conseguinte, a atrasos na execução do projeto.

4.5.5 Equipamento moderno inadequado

É preciso aceitar que a tecnologia atual é imperfeita e que o reforço das exigências dos projectos quase nunca permitirá a implementação da solução ideal. A utilização de equipamento novo e de boa qualidade e a reparação e manutenção contínuas da maquinaria têm um papel vital no aumento do seu desempenho, o que evitará atrasos na execução dos projectos devido à obsolescência do equipamento. Além disso, dispor de equipamento e maquinaria modernos irá acelerar o processo de reforço da execução dos projectos.

4.5.6 Planeamento e calendarização ineficazes do projeto

O planeamento da construção é uma atividade básica e primária na gestão e execução de projectos de construção. Envolve a seleção da tecnologia, a definição das tarefas de trabalho, a avaliação dos recursos e da duração necessários para cada tarefa e a identificação de quaisquer relações entre as diferentes tarefas de trabalho. De acordo com os inquiridos, as deficiências no planeamento, na programação, a falta de atenção ao controlo do projeto e a atualização dos planos causaram atrasos nos projectos. Estes aspectos foram considerados noutros estudos como problemas-chave nos projectos de construção.

Uma abordagem comum nos projectos é que a execução do projeto começa após a conclusão do planeamento do projeto. Esta questão acelera o processo de execução do projeto, que é uma parte dispendiosa. Os proprietários indicaram que os empreiteiros não tinham planos de longo prazo para a execução das tarefas na maioria dos projectos. Os proprietários salientaram que os empreiteiros tratam das tarefas com base na sua experiência e no planeamento diário ou semanal. Em alguns projectos, o planeamento e a execução simultâneos causam os seguintes problemas

- Incapacidade de planear e controlar com precisão o projeto
- Enfrentar modificações estruturais durante a execução
- Interferência nas tarefas
- Falta de planeamento adequado dos recursos, do equipamento e da mão de obra
- Diminuição da qualidade do planeamento devido à pressa

4.5.7 Experiência inadequada do contratante

A experiência inadequada do empreiteiro foi uma causa importante de atraso no reforço dos projectos. O planeamento, a gestão e a construção não podem ser efectuados corretamente por um empreiteiro com uma experiência inadequada. Além disso, o planeamento e a seleção de bons métodos de execução do projeto, que são factores de sucesso do desempenho do projeto, dependem da experiência dos empreiteiros.

4.5.8 Custo do reforço

Os resultados dos questionários mostraram que o custo elevado do reforço é um impedimento significativo que afecta as decisões dos proprietários de adotar medidas de atenuação sísmica. O custo pode criar diferenças de opinião entre as partes interessadas relativamente ao nível de métodos de reforço aceitáveis. O custo do reforço é excessivo. Os desafios económicos críticos que impedem as decisões dos proprietários sobre os métodos de reforço e conduzem a atrasos no projeto.

4.5.9 Problemas contratuais

Os atrasos ocorrem devido a problemas contratuais entre os proprietários e os empreiteiros. Outros estudos também concluíram que os problemas contratuais são um dos problemas nos projectos de construção. Alguns dos problemas referidos pelos inquiridos são os seguintes

- Nos documentos do concurso, alguns itens das tarefas e trabalhos do projeto não estão previstos
- No momento do concurso, os planos e desenhos não estão completos
- Os contratantes não dispõem de informações suficientes sobre todos os elementos e pormenores da

projeto

- Os contratantes alegam τque, uma vez que τessas tarefas não estão previstas nos projectosτ, elasτnão devem τrealizá-lasτ, o que faz com que se perca mais tempo τeτ a execuçãoτdo projeto é atrasada e, em alguns casos, o projeto pode não ser concluído.

4.5.10 Critérios de normas de reforço pouco claros

O problema mais difícil, e também o mais significativo, é a falta de clareza e de normas para a reparação ou o reforço dos edifícios danificados que sejam suficientes para permitir a adaptação. A falta de critérios de normas de reparação para a reabilitação cria controvérsia e impede os proprietários de utilizarem os seus edifícios. Por outro lado, a falta de clareza das normas de reforço pode atrasar o projeto de reforço. Assim, para desenvolver normas técnicas que resolvam este problema, é necessário, em primeiro lugar, definir os níveis de segurança aceitáveis para os edifícios existentes.

4.5.11 Litígios

Os factores relacionados com o proprietário e com o projeto têm impacto nos litígios que surgem no decurso do projeto. Factores como o atraso no financiamento e no pagamento dos trabalhos concluídos pelo dono da obra, a duração irrealista do contrato, a perceção dos métodos de reforço diferente entre as partes interessadas e a falta de clareza dos critérios das normas de reforço dão origem a litígios entre as várias partes.

4.5.12 Ultrapassagem de custos

Os factores relacionados com o empreiteiro e com a mão de obra e o equipamento, tais como a experiência inadequada do empreiteiro, a má gestão e supervisão do local e o equipamento moderno inadequado, têm impacto no tempo excedido. Na maioria dos casos, o excesso de tempo conduz a um excesso de custos.

4.5.13 Tempo excedido

Os factores relacionados com o empreiteiro, a mão de obra, o equipamento e o proprietário têm impacto no tempo excedido. Factores como a falta de mão de obra qualificada, a experiência inadequada do empreiteiro, a gestão incorrecta do local por parte dos empreiteiros e o atraso nos pagamentos dos trabalhos concluídos pelo proprietário afectam diretamente a conclusão do projeto e causam o excesso de tempo.

4.5.14 Aumento do stress para o contratante

Os factores relacionados com o empreiteiro e com o proprietário, como o planeamento e o calendário ineficazes do projeto, a experiência inadequada do empreiteiro, o atraso no financiamento e no pagamento dos trabalhos concluídos pelo proprietário e a duração irrealista do contrato, têm impacto no tempo excedido. Por conseguinte, nesta situação, o stress do empreiteiro aumenta.

4.5.15 Contencioso

Factores relacionados com o dono da obra e com o empreiteiro, tais como atrasos no financiamento e no pagamento dos trabalhos concluídos pelo dono da obra, planeamento e calendarização ineficazes do projeto e problemas contratuais, fazem escalar os litígios para serem resolvidos através do processo judicial. As partes envolvidas nos projectos utilizam o litígio como último recurso para a resolução de litígios.

Conclusão e recomendação

Os atrasos nos projectos têm sido um tema de preocupação na indústria do reforço. Os atrasos tornaram-se um fenómeno universal e são quase sempre acompanhados de excessos de prazo.

Os atrasos só podem ser minimizados quando as suas causas são identificadas. Conhecer a causa de um determinado atraso num projeto de construção ajudaria a evitar o mesmo. Este projeto teve, portanto, como objetivo identificar as principais causas e efeitos dos atrasos em projectos de reforço através de um inquérito. Esta tese estudou a importância das causas e dos efeitos dos atrasos com base no seu índice de importância relativa (IIR). Esta investigação é um inquérito de campo através de um questionário estruturado dirigido a 40 empreiteiros, 35 consultores, 37 engenheiros supervisores, 22 proprietários com experiência em projectos de reforço e 40 professores universitários com um doutoramento em engenharia estrutural ou sísmica. Foram identificadas quarenta e quatro causas e onze efeitos negativos. 44 As causas dos atrasos foram agrupadas em nove grandes grupos, de acordo com as suas fontes, a saber (1) factores de atraso relacionados com o consultor, (2) factores de atraso relacionados com o empreiteiro, (3) factores de atraso relacionados com o proprietário, (4) factores de atraso relacionados com a mão de obra e o equipamento, (5) factores de atraso relacionados com o exterior, (6) factores de atraso relacionados com a viabilidade, (7) factores de atraso relacionados com o material, (8) factores de atraso relacionados com o local de construção e (9) factores de atraso relacionados com o projeto.

Com base nos índices de importância relativa quantificados, as dez causas mais importantes dos atrasos no reforço foram identificadas como (1) atraso no financiamento e no pagamento dos trabalhos concluídos pelo proprietário, (2) duração irrealista do contrato, (3) escassez de mão de obra qualificada, (4) perceção diferente dos métodos de reforço entre as partes interessadas, (5) equipamento moderno inadequado, (6) planeamento e programação ineficazes do projeto, (7) experiência inadequada do empreiteiro, (8) custo do reforço, (9) problemas contratuais e (10) critérios de normas de reforço pouco claros.

Os atrasos resultantes não devem ser considerados isoladamente, mas também devem considerar todos os factores relacionados com cada grupo.

A classificação do índice de importância relativa foi também examinada para os onze efeitos negativos dos atrasos. Os cinco efeitos importantes do reforço dos atrasos foram os seguintes 1) litígio, 2) excesso de custos, 3) excesso de tempo, 4) aumento do stress do empreiteiro e 5) litígio.

Foi preparada uma análise separada para cada ramo dos dados recolhidos, utilizando o software de análise estatística (SPSS 22), incluindo as causas e os efeitos dos atrasos nos projectos de reforço. A análise mais básica foi a análise estatística, incluindo a análise de correlação entre os factores de excesso de tempo e a correlação entre as dez causas e efeitos mais importantes dos atrasos

Os resultados da correlação e os testes de hipóteses mostraram que, de um modo geral, existe uma relação entre as diferentes causas de atraso. Existe também uma relação entre as causas de atraso e os efeitos negativos, o que significa que qualquer causa de atraso pode levar a outro atraso, surgindo então os efeitos negativos.

Recomendação

Existem algumas recomendações para estudos futuros com vista a encontrar formas de reduzir ou eliminar os problemas de atraso nos projectos de construção, tais como

- Os proprietários devem pagar atempadamente as finanças aos empreiteiros após a conclusão de uma obra.
- Para reforçar qualquer edifício, deve ser efectuada uma análise pormenorizada dos danos e um projeto de reparação-reforço por um engenheiro profissional licenciado, devendo ser exigida a aceitação por uma autoridade adequada.
- Um programa de reabilitação eficaz deve ter certas especificações, tais como ser adequado para atingir os objectivos de reabilitação, e o custo de aplicação das medidas de reabilitação não deve ser restritivo.
- Infelizmente, as leis dos contratos não estão actualizadas e estas leis não são adequadas para projectos complexos. Sugerir formas de corrigir e melhorar, e um estudo para encontrar problemas nos contratos e leis do projeto de reforço.
- Prestar mais atenção às capacidades e ao desempenho anterior do contratante do que ao proponente com a proposta mais baixa antes de adjudicar o contrato.

- Ao contratar trabalhadores de alta qualidade, serão necessários menos trabalhadores. Isto ajudará a garantir a eficiência dos trabalhadores no projeto e a minimizar a probabilidade de problemas ou erros. Desenvolver recursos humanos no reforço da indústria através de programas de formação adequados para que o pessoal da indústria actualize os seus conhecimentos.

Referências

Ehsani, M.R. e H. Saadatmanesh, Fiber composites: an economic alternative for retrofitting earthquake-damaged precast-concrete walls. Earthquake Spectra, 1997. **13**(2): p. 225-241.

Braimah, N., Técnicas de análise dos atrasos na construção - Uma revisão das questões de aplicação e Necessidades de melhoria. Edificações, 2013. **3**(3): p. 506-531.

Marzouk, M.M. e T.I. El-Rasas, Analyzing delay causes in Egyptian construction projects. Jornal de pesquisa avançada, 2014. **5**(1): p. 49-55.

Assaf, S.A. e S. Al-Hejji, Causes of delay in large construction projects (Causas de atraso em grandes projectos de construção). Revista internacional de gestão de projectos, 2006. **24**(4): p. 349-357.

Sambasivan, M. e Y.W. Soon, Causes and effects of delays in Malaysian construction industry (Causas e efeitos dos atrasos no sector da construção da Malásia). Jornal Internacional de Gestão de Projectos, 2007. **25**(5): p. 517-526.

Sweis, G., et al., Delays in construction projects: O caso da Jordânia. Jornal Internacional de Gestão de Projectos, 2008. **26**(6): p. 665-674.

Aziz, R.F., Ranking dos factores de atraso em projectos de construção após a revolução egípcia. Alexandria Engineering Journal, 2013. **52**(3): p. 387-406.

Gardezi, S.S.S., I.A. Manarvi, e S.J.S. Gardezi, Factores de extensão do tempo na indústria da construção do Paquistão. Procedia Engineering, 2014. **77**: p. 196-204.

Egbelakin, T. e S. Wilkinson. Factors affecting motivation for improved seismic retrofit implementation. in Australian Earthquake Engineering Conference (AEES). 2008.

ElGawady, M., P. Lestuzzi, e M. Badoux. A review of conventional seismic retrofitting techniques for URM. in 13th International brick and block masonry conference, Amsterdam. 2004.

Jafarzadeh, R., Seismic retrofit cost modelling of existing structures. 2012, ResearchSpace@ Auckland.

Reno, M. e M. Pohll, Seismic retrofit of San Francisco-Oakland Bay Bridge west crossing. Registo da Investigação sobre Transportes: Journal of the Transportation Research Board, 1998(1624): p. 73-81.

Okakpu, A. e G. Ozay, TÉCNICA DE SELECÇÃO DE DECISÕES PARA MÉTODOS DE REFORÇO DE EDIFÍCIOS, ASIAN JOURNAL OF CIVIL ENGINEERING (BHRC), 2015. **16**(2): p. 203-218.

Nateghi-A, F., Retrofitting of earthquake-damaged steel buildings. Estruturas de engenharia, 1995. **17**(10): p. 749-755.

Rai, D.D.C., Revisão de documentos sobre o reforço sísmico de edifícios existentes. Documento no-IITK-GSDMA-Earthquake. **7**.

Lombard, J., et al. Seismic strengthening and repair of reinforced concrete shear walls. in Proc., 12th World Conf. on Earthquake Engineering. 2000.

Maheri, M. e A. Sahebi, Use of steel bracing in reinforced concrete frames. Engineering Structures, 1997. **19**(12): p. 1018-1024.

Maheri, M. and A. Hadjipour, Experimental investigation and design of steel brace connection to RC frame. Engineering Structures, 2003. **25**(13): p. 1707-1714.

Egbelakin, T.K., et al., Challenges to successful seismic retrofit implementation: a socio- behavioural perspective. Building Research & Information, 2011. **39**(3): p. 286-300.

Safarizki, H.A., S. Kristiawan, and A. Basuki, Evaluation of the use of steel bracing to improve seismic performance of reinforced concrete building. Procedia Engineering, 2013. **54**: p. 447-456.

Kaplan, H. e S. Yilmaz, Seismic strengthening of reinforced concrete buildings (Reforço sísmico de edifícios de betão armado). 2012: INTECH Open Access Publisher.

Madan, S., R. Malik, e V. Sehgal, Avaliação sísmica com paredes de cisalhamento e contraventamentos para edifícios. Academia Mundial de Ciência, Engenharia e Tecnologia, Revista Internacional de Engenharia Civil, Ambiental, Estrutural, Construção e Arquitetura, 2015. **9**(2): p. 185-188.

Ghobarah, A., Performance-based design in earthquake engineering: state of development. Estruturas de engenharia, 2001. **23**(8): p. 878-884.

Kaltakci, M.Y., M.H. Arslan, and U.S. Yilmaz, Experimental and analytical analysis of RC frames strengthened using RC external shear walls. Arabian Journal for Science and Engineering, 2011. **36**(5): p. 721-747.

Cheung, M., S. Foo, e J. Granadino, Seismic retrofit of existing buildings: innovative alternatives. Obras públicas e serviços governamentais, Canadá, 2000: p. 1-10.

K. Ahadzie, D., et al., Economic impediments to successful seismic retrofitting decisions. Structural Survey, 2014. **32**(5): p. 449-466.

Azmoodeh, B. e A. Moghadam, Optimum seismic retrofitting technique for buildings. engenharia civil e sistemas ambientais, 2011. **28**(1): p. 61-74.

Hopkins, D., The value of earthquake engineering. SESOC Journal, 2005. **13**(2): p. 40-42.

Charleson, A., J. Preston, e M. Taylor, Expressão arquitetónica do reforço sísmico. Earthquake Spectra, 2001. **17**(3): p. 417-426.

Manyong, V.M., Agriculture in Nigeria: identifying opportunities for increased commercialization and investment. 2005: IITA.

Avramidou, N., Vulnerability of cultural heritage to hazards and prevention measures (Vulnerabilidade do património cultural aos riscos e medidas de prevenção). Federação dos Centros Internacionais para a Reabilitação do Património Arquitetónico (CICOP), Universidade de Florença, Florença, 2003.
Calvi, G., Escolhas e critérios para o reforço sísmico. Journal of Earthquake Engineering, 2013. **17**(6): p. 769-802.
Dan, M.B., et al., Earthquake Hazard Impact and Urban Planning-Conclusion and Recommendations for Further Work, em Earthquake Hazard Impact and Urban Planning. 2014, Springer. p. 293-305.
Gesualdo, A. e M. Mónaco, Técnicas de reabilitação sísmica de edifícios de alvenaria existentes. Revista de Engenharia Civil e Arquitetura, 2011. **5**(11).
Ghoddousi, P. e M.R. Hosseini, Um estudo dos factores que afectam a produtividade dos projectos de construção no Irão. Desenvolvimento Tecnológico e Económico da Economia, 2012. **18**(1): p. 99-116.
Pourrostam, T., A. Ismail, e M. Mansournejad. Identification of Success Factors in Minimizing Delays on Construction Projects in IAU-Shoushtar Branch-Iran. in Applied Mechanics and Materials. 2011. Trans Tech Publ.
Abbasnejad, B. e H.I. Moud, Construction delays in Iranian civil engineering projects: Uma abordagem à segurança financeira do sector da construção. Life Science Journal, 2013. **10**(2): p. 2632-2637.
Khoshgoftar, M., A.H.A. Bakar, e O. Osman, Causes of delays in Iranian construction projects (Causas de atrasos em projectos de construção iranianos). Jornal Internacional de Gestão da Construção, 2010. **10**(2): p. 53-69.
Odeyinka, H.A. e A. Yusif, The causes and effects of construction delays on completion cost of housing projects in Nigeria. Journal of Financial Management of Property and Construction, 1997. **2**: p. 31-44.
Mansfield, N.R., O. Ugwu, e T. Doran, Causes of delay and cost overruns in Nigerian construction projects. Revista Internacional de Gestão de Projectos, 1994. **12**(4): p. 254-260.
Haseeb, M., A. Bibi e W. Rabbani, Problems of projects and effects of delays in the construction industry of Pakistan (Problemas dos projectos e efeitos dos atrasos na indústria da construção do Paquistão). Revista australiana de investigação em gestão e negócios, 2011. **1**(6): p. 41.
Assaf, S.A., M. Al-Khalil, e M. Al-Hazmi, Causes of delay in large building construction projects. Journal of management in engineering, 1995. **11**(2): p. 45-50.
Chan, D.W. e M.M. Kumaraswamy, A comparative study of causes of time overruns in Hong Kong construction projects. International Journal of project management, 1997. **15**(1): p. 55-63.
Bramble, B. e M. Callahan, Construction Delay Claims: Wiley Law Publications. Nova Iorque, 1991.
Fugar, F.D. e A.B. Agyakwah-Baah, Delays in building construction projects in Ghana (Atrasos nos projectos de construção de edifícios no Gana). Australasian Journal of Construction Economics and Building, The, 2010. **10**(1/2): p. 128.
Al-Momani, A.H., Atrasos na construção: uma análise quantitativa. Revista internacional de gestão de projectos, 2000. **18**(1): p. 51-59.
Faridi, A.S. e S.M. El-Sayegh, Significant factors causing delay in the UAE construction industry. Construction Management and Economics, 2006. **24**(11): p. 1167-1176.
Aiyetan, O., J. Smallwood, e W. Shakantu. Influences on construction project delivery time performance. in the proceeding of Third Built Environment conference, Cape Town, South Africa. 2008.
Mezher, T.M. e W. Tawil, Causes of delays in the construction industry in Lebanon (Causas dos atrasos no sector da construção no Líbano). Engineering, Construction and Architectural Management, 1998. **5**(3): p. 252-260.
Soliman, E.M., Modelo de propagação da hierarquia de atrasos. 2005.
O'Brien, J.J., Construction delay: Responsabilidades, riscos e litígios. 1976: Cahners Books International.
Momeni, M., Statiscal analysis using spss-19. 2010.
Raj, D., Sampling theory (Teoria da amostragem). 1968.
Kometa, S.T., P.O. Olomolaiye, and F.C. Harris, Attributes of UK construction clients influencing project consultants' performance. Construction Management and Economics, 1994. **12**(5): p. 433-443.
Litwin, M.S., How to measure survey reliability and validity. Vol. 7. 1995: Sage Publications.
Wong, P.S.P. e S.O. Cheung, Modelo de equação estrutural da confiança e do sucesso da parceria. Journal of Management in Engineering, 2005. **21**(2): p. 70-80.
Yang, J.-B. e S.-F. Ou, Using structural equation modeling to analyze relationships among key causes of delay in construction. Canadian Journal of Civil Engineering, 2008. **35**(4): p. 321-332.
Sechrist, G.B. e C. Stangor, When are intergroup attitudes based on perceived consensus information? The role of group familiarity. Social Influence, 2007. **2**(3): p. 211-235.
Walpole, R.E., et al., Probability and statistics for engineers and scientists. Vol. 5. 1993: Macmillan New York.

APÊNDICES

Apêndice A: Formulário de questionário

به نام خدا

سوالات زیر مربوط به علت تاخیر و اثرات منفی آن در پروژه های مقاوم سازی با دیوار برشی و مهاربند فولادی می باشد. ضمن سپاس جهت پاسخگویی به سوالات زیر، لازم به ذکر است که این پرسشنامه صرفا جهت پایان نامه کارشناسی ارشد رشته مدیریت ساخت دانشگاه صنعتی شریف واحد پردیس بین الملل کیش تهیه شده است و هیچ ارزش قانونی ندارد.

قسمت اول :

۱) جنس	۲) سن	۳) شغل	۴) تحصیلات	۵) تجربه(سال)
	o کمتر از ۳۰	o پیمانکار	o دیپلم	o کمتر از ۱۰
o زن	o ۳۰–۴۰	o کارفرما	o کارشناسی	o ۱۰–۲۰
o مرد	o ۴۰–۵۰	o استاد دانشگاه	o کارشناسی ارشد	o ۲۰–۳۰
	o بیشتر از ۵۰	o مهندس ناظر	o دکتری	o بیشتر از ۳۰
		o مهندس مشاور		

قسمت دوم: عوامل موثر تاخیر

ردیف	سوال	همیشه ٥	غالبا ٤	گاهی ۳	به ندرت ۲	هرگز ۱
۱	مقاوم سازی ساختمان ها یک فعالیت جدید در پروژه های عمرانی می باشد	۵	۴	۳	۲	۱
۲	استانداردهای مربوط به مقاوم سازی به صراحت بیان نشده است	۵	۴	۳	۲	۱
۳	محدودیت های نظام مهندسی برای اجرای مقاوم سازی موجب تاخیر می شود	۵	۴	۳	۲	۱
۴	مشاوران مقاوم سازی از دانش کافی جهت مقاوم سازی برخوردار نیستند	۵	۴	۳	۲	۱
۵	پیمانکاران مقاوم سازی از دانش کافی جهت مقاوم سازی برخوردار نیستند	۵	۴	۳	۲	۱
۶	نیروی کار کارگر در زمینه مقاوم سازی فاقد صلاحیت کافی هستند	۵	۴	۳	۲	۱
۷	تصمیم گیری برای انتخاب روش مقاوم سازی مشکل است	۵	۴	۳	۲	۱
۸	برگزاری مناقصه جهت مقاوم سازی به درستی صورت نمی گیرد	۵	۴	۳	۲	۱
۹	بین طرفین قرارداد ارتباط ضعیف وجود دارد	۵	۴	۳	۲	۱
۱۰	بین ذینفعان پروژه در مورد روش مقاوم سازی اختلاف نظر وجود دارد	۵	۴	۳	۲	۱
۱۱	مذاکرات و قرارداد با مشاور فنی جهت مقاوم سازی به آسانی صورت نمی گیرد	۵	۴	۳	۲	۱
۱۲	هزینه زیاد مقاوم سازی در تصمیم گیری کارفرما برای شروع پروژه تاثیر می گذارد	۵	۴	۳	۲	۱
۱۳	مفاد قرارداد بین طرفین به درستی بیان نشده است.	۵	۴	۳	۲	۱
۱۴	برنامه ریزی و زمان بندی مراحل مختلف پروژه طبق قرارداد نمی باشد	۵	۴	۳	۲	۱
۱۵	مهندسین با مشکل گزارشگیری در طول دوره پروژه مواجه می شوند	۵	۴	۳	۲	۱
۱۶	مدیریت سایت و نظارت در طول اجرای پروژه ضعیف است	۵	۴	۳	۲	۱
۱۷	پروژه های مقاوم سازی با مشکل تغییر مدیران رو به رو می شوند	۵	۴	۳	۲	۱
۱۸	تغییرات خواسته های کارفرما در طول دوره پروژه کار را متوقف می کند	۵	۴	۳	۲	۱
۱۹	دخالت کارفرما در طول دوره پروژه موجب بروز مشکل می شود	۵	۴	۳	۲	۱
۲۰	مدت زمان پروژه منطقی و واقعی در قرار ذکر نمی شود	۵	۴	۳	۲	۱
۲۱	کارفرما در پرداخت وجوه مورد تایید تاخیر می کند	۵	۴	۳	۲	۱
۲۲	امکان اشتباه در اسناد و پرونده های طراحی شده توسط مشاور وجود دارد	۵	۴	۳	۲	۱
۲۳	جزییات طراحی توسط مشاور به طور صریح بیان نمی شود	۵	۴	۳	۲	۱
۲۴	کنترل روند پروژه توسط مشاور به درستی انجام نمیگیرد					
۲۵	مشکلات مالی ایجاد شده توسط پیمانکار موجب اختلاف می شود	۵	۴	۳	۲	۱
۲۶	مصالح در زمان تعیین شده تهیه نمی شوند	۵	۴	۳	۲	۱
۲۷	کمبود مصالح در بازار در تصمیم گیری مشاور تاثیر می گذارد	۵	۴	۳	۲	۱
۲۸	جنس مصالح مصرفی در طول دوره پروژه تغییر می کند	۵	۴	۳	۲	۱
۲۹	ابزار و تجهیزات مناسب برای مقاوم سازی در دسترس نمی باشد	۵	۴	۳	۲	۱
۳۰	روش های مدرن جهت مقاوم سازی در دسترس نمی باشد	۵	۴	۳	۲	۱
۳۱	شرایط جوی در روند پیشرفت پروژه تاثیر گذار است	۵	۴	۳	۲	۱
۳۲	مشکل با همسایه ها و ساکنان ساختمان برای مقاوم سازی وجود دارد	۵	۴	۳	۲	۱
۳۳	ترافیک در مسیر تردد ماشین آلات مورد نیاز برای مقاوم سازی باعث تاخیر پروژه می شود	۵	۴	۳	۲	۱
۳۴	بروز تورم و نوسانات نرخ در روند پیشرفت پروژه تاثیر می گذارد	۵	۴	۳	۲	۱
۳٥	مقاوم سازی با مهاربند فولادی مشکلات معماری زیاد است	٥	٤	۳	۲	۱
۳٦	جانمایی محل اجرای مهاربند با توجه به نقشه های معماری مشکل است	٥	٤	۳	۲	۱
۳۷	جانمایی محل اجرای دیواربرشی با توجه به نقشه های معماری مشکل است	٥	٤	۳	۲	۱
۳۸	برای اجرای دیوار برشی عملیات مربوط به برداشتن کاور بتن مشکل است	٥	٤	۳	۲	۱
۳۹	قبل از مقاوم سازی عملیات برداشتن نازک کاری ها و برداشتن تاسیسات موجب کاهش روند پیشرفت پروژه می شود.	٥	٤	۳	۲	۱
٤۰	الکترود موردنیاز در بازار برای اتصال با جوش آرماتور دیوار برشی با آرماتور ستون کم است	٥	٤	۳	۲	۱
٤۱	انجام عملیات بتن ریزی در پروژهای مقاوم سازی کار پیچیده ای است	٥	٤	۳	۲	۱
٤۲	نوع بتن مصرفی در روند سرعت پیشرفت پروژه تاثیر می گذارد	٥	٤	۳	۲	۱
٤۳	قالب بندی در پروژه های مقاوم سازی مشکل است	٥	٤	۳	۲	۱
٤٤	کاشت میلگرد دیواربرشی جهت مقاوم سازی فعالیت پیچیده ای است	٥	٤	۳	۲	۱

قسمت سوم : اثرات منفی تاخیر

هرگز ۱	به ندرت۲	گاهی ۳	غالبا ۴	همیشه ۵	اثر تاخیر	ردیف
۱	۲	۳	۴	۵	افزایش هزینه	۴۵
۱	۲	۳	۴	۵	افزایش زمان اتمام	۴۶
۱	۲	۳	۴	۵	اختلاف بین طرفین	۴۷
۱	۲	۳	۴	۵	پایین آمدن کیفیت کار	۴۸
۱	۲	۳	۴	۵	تاخیر در سود کارفرما	۴۹
۱	۲	۳	۴	۵	شکایت های قانونی	۵۰
۱	۲	۳	۴	۵	افزایش استرس بر پیمانکار	۵۱
۱	۲	۳	۴	۵	لغو کار	۵۲
۱	۲	۳	۴	۵	بی کار ماندن منابع انسانی و غیر انسانی	۵۳
۱	۲	۳	۴	۵	تاثیر منفی پیرامون سازه	۵۴
۱	۲	۳	۴	۵	تاثیر منفی اجتماعی	۵۵

Apêndice B: Coeficiente alfa de Cronbach

Segunda parte: Causas do atraso

Estatísticas de fiabilidade

Alfa de Cronbach	N de artigos
.714	44

Estatísticas do item-total

	Média da escala se o item for eliminado	Variância da escala se o item for eliminado	Correlação Item-Total corrigida	Alfa de Cronbach se o item for eliminado
Q1	141.63	69.808	.258	.705
Q2	141.75	73.528	-.039	.717
Q3	143.66	67.543	.316	.701
Q4	142.16	65.327	.479	.689
Q5	141.52	73.788	-.070	.719
Q6	141.31	72.597	.055	.715
Q7	142.01	71.144	.125	.713
Q8	141.64	70.475	.184	.709
Q9	142.10	71.060	.131	.713
Q10	141.84	68.444	.360	.700

Q11	141.79	70.342	.272	.706
Q12	141.32	72.289	.118	.712
Q13	141.72	68.816	.385	.699
Q14	141.47	70.932	.140	.712
Q15	142.13	69.244	.318	.702
Q16	142.47	71.129	.124	.713
Q17	142.74	66.100	.406	.694
Q18	142.37	71.748	.090	.714
Q19	142.38	69.428	.207	.708
Q20	141.29	72.876	.053	.714
Q21	141.13	72.007	.062	.716
Q22	142.02	69.479	.320	.703
Q23	142.32	67.050	.350	.698
Q24	142.51	68.251	.333	.700
Q25	142.14	72.848	-.004	.720
Q26	141.95	72.072	.075	.715
Q27	141.97	68.433	.332	.701
Q28	142.25	69.913	.191	.709
Q29	142.20	73.673	-.057	.718
Q30	141.41	73.596	-.047	.717
Q31	142.16	71.484	.111	.713
Q32	141.65	73.073	-.002	.718
Q33	142.33	70.559	.219	.708
Q34	142.53	64.435	.525	.685
Q35	142.95	68.893	.363	.700
Q36	142.82	68.243	.334	.700
Q37	142.67	73.979	-.094	.720
Q38	143.31	74.608	-.179	.721

Q39	142.64	72.163	.115	.712
Q40	143.56	72.513	.078	.713
Q41	142.86	71.831	.108	.713
Q42	141.76	71.996	.164	.711
Q43	142.72	68.397	.332	.701
Q44	143.10	70.197	.307	.704

Terceira parte: Efeitos do atraso

Estatísticas de fiabilidade

Alfa de Cronbach	N de artigos
.710	**11**

Estatísticas do item-total

	Média da escala se o item for eliminado	Variância da escala se o item for eliminado	Correlação Item-Total corrigida	Alfa de Cronbach se o item for eliminado
Q45	30.08	5.450	.090	.710
Q46	30.07	5.487	.050	.714
Q47	30.06	5.747	-.138	.733
Q48	31.77	3.982	.726	.608
Q49	31.76	3.953	.738	.605
Q50	31.65	4.634	.324	.687
Q51	29.88	3.529	.804	.575
Q52	31.98	5.312	.102	.714
Q53	31.57	5.032	.164	.714
Q54	31.55	4.007	.714	.610
Q55	31.24	5.661	-.073	.724

Apêndice C: Teste de Kolmogorov-Smirnov

Teste de Kolmogorov-Smirnov de uma amostra

		Proprietário	contratante	Consultor	Trabalho	Material	Projeto	Externo	Viabilidade	Trabalho	Efeito
N		174	174	174	174	174	174	174	174	174	174
Parâmetros normais[315]	Média	3.7414	3.5494	3.3356	3.8563	3.1943	3.3621	3.3261	2.6820	2.5667	3.1055
	Std.	.30910	.31636	.55495	.26661	.34836	.33843	.38900	.42681	.32334	.21587
	Desvio										
Diferenças mais extremas	Absoluto	.182	.138	.154	.256	.125	.153	.155	.221	.134	.183
	Positivo	.182	.134	.091	.256	.125	.153	.155	.221	.134	.148
	Negativo	-.160	-.138	-.154	-.211	-.108	-.098	-.109	-.173	-.104	-.183
Teste estatístico		.182	.138	.154	.256	.125	.153	.155	.221	.134	.183
Assymp. Sig. (bicaudal)		,000[c]	,000[c]	,000[c]	,000[c]	,000[c]	,000[c]	,000[c]	,000[c]	,000[c]	,000[c]

a. A distribuição do teste é Normal.
b. Calculado a partir dos dados.
c. Correção de significância de Lilliefors.

Apêndice D: Correlação de Spearman entre factores de excesso de tempo

			Q1	Q2	Q3	Q4	Q5	Q6	Q7	Q8	Q9	Q10
Rho de Spearman	Q1	Coeficiente de correlação	1.000	-.037	.197	.093	-.064	-.086	-.065	.202	.000	.072
		Sig. (bicaudal)		.630	.009	.222	.400	.261	395	.007	.998	.342
	Q2	Coeficiente de correlação	-.037	1.000	-.127	-.002	-.106	.070	.084	-.148	-.062	.149
		Sig. (bicaudal)	.630		.094	.977	.164	.360	.272	.051	.418	.049
	Q3	Coeficiente de correlação	.197	-.127	1.000	.094	-.062	-.109	.046	.263	.055	.114
		Sig. (bicaudal)	.009	.094		.218	.416	.154	548	.000	.468	.135
	Q4	Coeficiente de correlação	.093	-.002	.094	1.000	-.012	.206	.010	.099	.001	.305
		Sig. (bicaudal)	.222	.977	.218		.877	.006	.900	.192	.988	.000
	06	Coeficiente de correlação	-.064	-.106	-.062	-.012	1.000	.037	-.060	.092	-.177	-.045
		Sig. (bicaudal)	.400	164	.416	.877		.627	.429	.227	.020	.559

	Q6	Coeficiente de correlação	-.086	.070	-.109	.206	.037	1.000	**040**	-.186	-.130	.116
		Sig. (bicaudal)	.261	.360	.154	.006	.627		596	**.014**	.087	127
	Q7	Coeficiente de correlação	-.065	**.084**	.046	.010	-.060	.040	1.000	-.057	.019	-.039
		Sig. (bicaudal)	**.395**	.272	.548	.900	.429	.596		.452	.807	.610
	Q8	Coeficiente de correlação	**.202**	-.148	.263	.099	.092	-.186	-.057	1.000	-.019	-.040
		Sig. (bicaudal)	**.007**	**.051**	.000	.192	**.227**	.014	**.452**		.804	.598
	Q9	Coeficiente de correlação	.000	**-.062**	.055	.001	**-.177**	-.130	**.019**	-.019	1.000	.029
		Sig, (2-tailed)	.998	.418	.468	.988	.020	.087	.807	.804		.701
	010	Coeficiente de correlação	.072	**.149**	**.114**	.305	-.045	.116	-039	-.040	.029	1.000
		Sig. (bicaudal)	.342	.049	135	.000	.559	.127	.610	.598	.701	

		011	012	013	014	015	016	017	018	019	020	Q21	Q22	Q23	Q24	Q25
Razão de Spearman	Q1	137	.098	**.052**	**-.052**	**124**	199	202	.026	.018	.086	**.174**	**.025**	.150	.063	.005

		.071	.200	.493	.497	.102	.009	.008	.731	.810	.262	.022	.748	.048	.408	.947
	02	-.036	.108	.151	.087	-.114	-.197	-.191	007	.048	.037	.105	-.102	-.017	-.180	-.001
		.636	158	047	255	134	009	.011	.925	.527	.624	169	181	.821	018	988
	03	.104	.022	.047	-.196	.233	.351	.389	075	.302	.024	-.262	-.069	.079	.230	-.036
		.170	.772	.538	.010	.002	.000	.000	.323	.000	.750	.000	.364	.299	.002	.636
	04	.225	195	.206	.390	192	109	.030	-.126	.092	.057	.131	466	.491	.373	-.010
		.003	.010	.006	.000	.011	.152	.696	097	.227	.454	.086	.000	.000	.000	.898
	05	-.020	.039	-.076	-.041	.029	.003	-.006	- 006	-.096	.074	-.034	-.041	-.110	-.024	.136
		.797	.613	.319	.587	.708	.971	.942	.937	.208	.330	.657	.592	.149	.756	.073
	06	.134	-.030	.179	.178	.031	-.165	-.159	-.038	-.139	.094	.211	.199	.092	.150	.009
		.077	.691	.018	.019	.680	.029	.036	.620	.067	.218	.005	.009	.227	048	.910
	Q7	.101	-.093	.124	-.152	.256	-.261	185	053	.165	-.013	.014	001	.006	.164	-.002
		.187	.223	.102	.045	.001	.001	.014	483	.029	.864	.855	.989	.938	.031	.976
	Q8	.259	.121	-084	-.061	.005	.291	.317	.131	.135	.001	-.021	-.037	.037	044	040
		.001	.111	.270	.422	.947	.000	.000	086	.075	.988	.780	.628	.626	.568	.602
	09	-.084	.090	.167	-.105	.021	-.040	.173	.129	.351	-.097	-.094	.079	-.033	.153	-.103
		.273	.240	.028	166	786	.599	.022	089	000	.201	.219	.299	.664	043	.177
	Q10	.196	.169	.322	.276	.004	.172	.086	269	.068	.035	-.002	.199	.400	.178	-.087
		.010	.026	.000	.000	.955	.023	.257	000	.371	.648	.984	.009	.000	.019	.253

		026	027	028	Q29	030	Q31	032	033	034	035	036
Rho de Spearman	Q1	.083	.054	083	-.141	-.083	-.032	-.091	.213	.177	.121	.081
		.277	.476	.274	.063	.275	.679	.232	.005	.020	.113	.288
	Q2	.023	.165	-.215	-.034	.043	-.023	-.118	-.010	.052	.031	-.158
		.766	.029	.004	.653	.570	.760	.120	.893	.494	.686	.038
	Q3	-.089	-.132	.206	-.090	-.068	-.022	-.015	.106	.169	.237	.326
		.242	.082	.006	.237	.372	.771	.847	.163	.026	.002	.000
	04	-.137	.280	-.032	.026	.084	.006	.142	.069	.235	.263	.200
		.071	.000	.676	.735	.270	.939	.062	.369	.002	.000	.008
	05	.092	.005	.031	.055	.088	-.038	.065	.077	-.038	-.049	-.025
		.228	.952	.687	.473	.246	.618	.396	.310	.615	.519	.744

	Q6	.120	.176	-.036	-.070	-.084	.099	.139	.021	-.033	.013	.032
		114	.020	.637	.358	271	.193	.066	.782	.665	.862	.679
	Q7	.039	.136	214	.012	-.099	.048	.066	.042	.161	.008	-.038
		.613	.074	.005	.878	.196	.528	.386	.579	.034	.911	.620
	Q8	-.005	-.088	-.053	-.043	.040	-.219	.092	.192	.004	.016	.223
		.944	.250	.491	.570	.598	.004	.227	.011	.958	.832	.003
	Q9	-.043	.035	.190	.055	.051	.303	-.068	-.078	.100	-.095	.079
		.577	.649	.012	.470	.505	.000	.371	.305	.187	.210	.303
	010	-.024	.261	-.066	.049	.054	.069	-.020	-.046	.180	.070	.018
		.754	.000	.388	.519	.483	.365	.793	.543	.017	.356	.809

			Q37	Q38	Q39	Q40	Q41	Q42	Q43	Q44

Rho de Spearman	Q1	Coeficiente de correlação	.037	-.068	-.039	.060	.135	.141	.106	.136
		Sig. (bicaudal)	.630	.370	.611	.429	.076	.063	.163	.073
	Q2	Coeficiente de correlação	.053	.016	.009	.059	.124	.051	.160	.039
		Sig. (bicaudal)	.490	.835	.909	.443	.102	.501	.035	.607
	Q3	Coeficiente de correlação	.008	-.025	-.078	.106	.151	-.022	.048	.051
		Sig. (bicaudal)	.912	.740	.308	.165	.047	.773	.532	.502
	Q4	Coeficiente de correlação	-.151	.013	.136	-.086	-.171	.219	.187	.149
		Sig. (bicaudal)	.046	.868	.073	.258	.024	.004	.014	.049
	Q5	Coeficiente de correlação	-.156	.084	-.087	-.028	-.059	-.009	-.022	-.166
		Sig. (bicaudal)	.040	.269	.256	.717	.443	.910	.778	.028
	Q6	Coeficiente de correlação	-.060	-.116	-.139	-.179	-.084	.143	.015	.047

		Sig. (bicaudal)	.435	.128	.066	.018	.272	.060	.844	.537
	Q7	Coeficiente de correlação	.068	-.030	.070	-.054	.010	-.072	-.010	.137
		Sig. (bicaudal)	.375	.692	.362	.482	.894	.342	.896	.072
	08	Coeficiente de correlação	-.111	.102	-.129	.016	-.101	-.052	.166	.079
		Sig. (bicaudal)	.144	.180	.091	.834	.187	.494	.029	.301
	Q9	Coeficiente de correlação	.000	-.065	.100	.080	-.024	.052	-.029	.116
		Sig. (bicaudal)	.998	.396	.188	.292	.751	.499	.708	.128
	010	Coeficiente de correlação	.007	-.076	-.018	.047	.167	.127	.283	.056
		Sig. (bicaudal)	.922	.316	.818	.535	.027	.094	.000	.459

			01	Q2	Q3	Q4	05	Q6	Q7	08	09	Q10	Q11	012	Q13
	011	Coeficiente de correlação	.137	-.036	104	.225	-.020	134	.101	.259	■084	.196	1.000	.108	060

		Sig. (bicaudal)	.071	.636	170	.003	.797	.077	.187	.001	.273	.010		.154	431
	Q12	Coeficiente de correlação	.098	108	.022	.195	.039	-.030	-.093	.121	.090	.169	.108	1.000	042
		Sig. (bicaudal)	.200	158	.772	.010	.613	.691	.223	.111	.240	.026	.154		582
	Q13	Coeficiente de correlação	.052	151	.047	.206	-.076	.179	.124	-.084	.167	.322	.060	.042	1 000
		Sig. (bicaudal)	.493	.047	538	.006	.319	.018	.102	.270	.028	.000	.431	.582	
	014	Coeficiente de correlação	-.052	.087	-.196	.390	-.041	.178	-.152	-.061	-.105	.276	.151	.070	182
		Sig. (bicaudal)	.497	.255	010	.000	.587	.019	.045	.422	.166	.000	.047	.358	016
	Q15	Coeficiente de correlação	.124	-.114	233	.192	.029	.031	.256	.005	.021	.004	.153	-.007	058
		Sig. (bicaudal)	.102	134	.002	.011	.708	.680	.001	.947	.786	955	.043	.931	449
	016	Coeficiente de correlação	.199	-.197	351	.109	.003	-.165	-.261	.291	-.040	.172	187	.068	■103
		Sig. (bicaudal)	.009	.009	000	.152	.971	029	.001	.000	.599	.023	.014	.375	178
	017	Coeficiente de correlação	.202	-.191	389	.030	-.006	-.159	.185	.317	.173	.086	.181	.064	093
		Sig. (bicaudal)	.008	.011	000	696	.942	.036	014	000	.022	.257	017	.399	222
	018	Coeficiente de correlação	.026	.007	.075	-.126	-.006	-.038	.053	.131	.129	.269	.070	.114	047
		Sig. (bicaudal)	.731	.925	.323	.097	.937	.620	.483	.086	.089	.000	.362	.136	538

			Q14	QI 5	Q16	Q17	Q18	Q19	Q20	Q21	Q22	Q23	Q24	Q25	Q26
	Q19	Coeficiente de correlação	.018	.048	302	.092	-.096	-.139	.165	.135	.351	.068	-.172	.133	- 033
		Sig. (bicaudal)	810	.527	.000	.227	.208	.067	.029	.075	.000	.371	024	.081	667
	020	**Coeficiente de correlação**	.086	.037	.024	.057	.07 4	.094	-.013	.001	-.097	.035	112	-.014	049
		Sig. (bicaudal)	262	.624	.750	.454	.330	.218	.864	.988	.201	.648	142	.850	522
	021	Coeficiente de correlação	.174	105	-.262	.131	-.034	.211	.014	-.021	-.094	-002	.050	-.123	104
		Sig. (bicaudal)	.022	.169	.000	.086	.657	.005	.855	.780	.219	.984	.512	.106	174
	022	Coeficiente de correlação	.025	■102	■069	466	-041	199	001	■037	079	.199	060	.074	.253
		Sig. (bicaudal)	.748	.181	.364	.000	.592	.009	.989	.628	.299	.009	.430	.333	001
	023	Coeficiente de correlação	.150	-.017	.079	.491	-.110	.092	.006	.037	-.033	.400	.225	.114	.337
		Sig. (bicaudal)	048	.821	.299	.000	.149	.227	.938	.626	.664	.000	.003	.135	000
	Q24	Coeficiente de correlação	.063	-.180	230	.373	-.024	.150	.164	.044	.153	.178	.090	.033	178
		Sig. (bicaudal)	.408	.018	.002	.000	.756	.048	.031	.568	.043	.019	.240	.666	019

	011	Coeficiente de correlação	.151	153	.187	.181	.070	-.172	.112	.050	.060	.225	.090	.080	.172
		Sig. (bicaudal)	.047	.043	.014	017	.362	.024	.142	.512	.430	.003	.240	.293	.023
	012	Coeficiente de correlação	.070	-.007	.068	.064	114	.133	-.014	-.123	.074	.114	.033	.021	- 130
		Sig. (bicaudal)	.358	.931	.375	.399	.136	.081	.850	.106	.333	.135	.666	.778	.088
	013	Coeficiente de correlação	.182	.058	-.103	.093	047	-.033	.049	104	.253	.337	178	-.117	136
		Sig. (bicaudal)	.016	.449	.178	.222	.538	.667	.522	.174	.001	.000	.019	.124	.073
	Q14	Coeficiente de correlação	1.000	-.254	-.030	-.186	-.153	-.333	.100	.253	.364	487	.025	-.023	.049
		Sig. (bicaudal)		.001	.695	014	.044	000	.190	.001	.000	.000	.743	.764	.521
	015	Coeficiente de correlação	-.254	1.000	.309	.250	-.030	.227	-.008	.038	.139	.067	.280	-.056	.079
		Sig. (bicaudal)	.001		.000	.001	.694	.003	.915	.621	.067	.382	.000	.467	.299

	016	Coeficiente de correlação	-.030	.309	1.000	.369	-.017	.060	-.114	-.138	-.050	.203	.196	-.156	.013
		Sig (bicaudal)	.695	.000		.000	.822	.431	.135	.069	515	007	.009	.039	.869
	Q17	Coeficiente de correlação	-.186	.250	.369	1.000	.255	.271	-.099	-.142	012	.089	.127	-036	.062
		Sig. (bicaudal)	.014	001	.000		001	.000	.196	062	.876	.241	.094	.637	413
	018	Coeficiente de correlação	-.153	-.030	-.017	.255	1.000	.237	-.123	-.269	-.260	-.151	-.040	.146	.054
		Sig. (bicaudal)	.044	.694	.822	001		.002	107	.000	.001	046	.601	.055	.480
	019	Coeficiente de correlação	-.333	.227	.060	.271	.237	1.000	-.086	-.208	-.188	-.262	.035	.078	-.085
		Sig. (bicaudal)	.000	.003	.431	000	.002		.258	.006	.013	000	.645	.308	.263
	020	Coeficiente de correlação	.100	-.008	-.114	-.099	- 123	-.086	1.000	182	.161	034	- 131	.013	.074
		Sig. (bicaudal)	.190	.915	.135	.196	.107	.258		.016	.034	.654	.086	.862	.330

	021	Coeficiente de correlação	.253	.038	-.138	-.142	-269	-.208	.182	1.000	.286	172	-.042	-.060	162
		Sig (bicaudal)	.001	.621	.069	.062	.000	.006	.016		.000	.024	.585	.432	.032
	022	Coeficiente de correlação	.364	139	-.050	.012	- 260	-.188	.161	.286	1.000	.540	.237	-.216	.033
		Sig. (bicaudal)	.000	.067	515	.876	.001	.013	.034	.000		.000	.002	.004	.663
	023	Coeficiente de correlação	.487	.067	.203	089	- 151	-.262	034	.172	.540	1 000	.439	-.202	-.118
		Sig (bicaudal)	.000	.382	.007	.241	.046	.000	.654	.024	.000		.000	.007	120
	024	Coeficiente de correlação	025	.280	.196	.127	-.040	.035	-.131	-.042	.237	439	1.000	030	-.252
		Sig. (bicaudal)	.743	.000	.009	.094	.601	.645	.086	.585	.002	000		.690	.001

			Q27	Q28	Q29	Q30	Q31	032	Q33	Q34	Q35	036	Q37

	Q11	Coeficiente de correlação	.117	.051	-.027	.035	-.030	.029	.095	-.004	.077	.027	-.027
		Sig. (bicaudal)	.124	.508	.719	.643	.695	.705	.214	.961	.315	.721	.725
	Q12	Coeficiente de correlação	.063	-.021	.006	.060	-.055	-.044	.039	.036	.039	.099	-.158
		Sig. (bicaudal)	.412	.788	.936	.434	467	.567	.608	.639	.608	193	.038
	Q13	Coeficiente de correlação	.333	.209	-.015	.144	172	-021	-.006	.271	.097	110	- 031
		Sig. (bicaudal)	.000	.006	.840	.058	.023	.780	.933	.000	.202	.148	.685
	Q14	Coeficiente de correlação	.343	-.104	-.151	.103	-.073	.134	-.081	.1 66	.075	.041	.083
		Sig. (bicaudal)	.000	.171	.047	.178	.340	.077	.286	.029	.325	.593	.277
	015	Coeficiente de correlação	.247	.232	-.038	-.197	.165	.029	.127	.254	.289	.121	-.033
		Sig. (bicaudal)	.001	.002	.614	.009	029	.704	.094	.001	.000	.112	.661
	016	Coeficiente de correlação	-.063	-.111	.023	-.059	-168	.001	.146	.058	.146	.109	047

		Sig. (bicaudal)	.406	.145	.759	.439	.026	.990	.055	.449	.055	.151	.541
	Q17	Coeficiente de correlação	-.010	.139	.200	-.045	-.064	.072	.106	.262	.146	.213	.130
		Sig. (bicaudal)	.897	.068	.008	.558	.402	.348	.166	.000	.055	.005	.088
	018	Coeficiente de correlação	-.024	.083	.1 01	-.018	.061	-.161	.145	.166	.101	.043	-.054
		Sig. (bicaudal)	.750	.275	.1 84	.811	423	034	.056	.028	.184	.574	480
	019	Coeficiente de correlação	019	.122	-.002	-.033	.030	■ 162	.141	.237	.192	.258	-120
		Sig. (bicaudal)	.806	.109	.979	.663	.694	.032	.064	.002	.011	.001	.116
	Q20	Coeficiente de correlação	.106	.042	.072	.193	-.036	.029	.154	.086	-.107	.005	-.077
		Sig. (bicaudal)	.166	.581	.348	.011	.638	.702	.043	.258	.160	.953	.312
	021	Coeficiente de correlação	.303	-.128	-.028	-.048	.051	.192	-.059	.039	.094	-.032	.011
		Sig. (bicaudal)	.000	.093	.716	.533	.505	.011	.440	.611	.215	.672	.884

	022	Coeficiente de correlação	.286	.025	.021	.070	.201	122	-.111	.141	.041	.070	.034
		Sig. (bicaudal)	.000	.745	.787	.357	.008	.109	.145	.063	.588	.358	.653
	023	Coeficiente de correlação	.194	-.098	.013	.034	-.089	.040	-.117	.129	.189	.014	.040
		Sig. (bicaudal)	.010	.198	.865	.652	.242	.605	.126	.089	.012	.854	.604
	024	Coeficiente de correlação	-.024	.174	-.005	-.099	.121	.093	-.115	.086	.243	.088	-.064
		Sig. (bicaudal)	.751	.022	.945	.194	112	.220	.130	.259	.001	.248	.399

			038	039	040	Q41	042	043	Q44
	011	Coeficiente de correlação	-.071	-.120	-.078	-.143	-.073	.009	.150
		Sig. (bicaudal)	.355	.114	.304	.059	.340	.906	.048
	Q12	Coeficiente de correlação	.038	-.138	-.050	.028	.025	.011	-.002

		Sig. (bicaudal)	.618	.070	.513	.714	.744	.884	.978
	013	Coeficiente de correlação	-.157	116	-.023	.235	.033	.263	.104
		Sig. (bicaudal)	.038	.127	.767	.002	.670	.000	.173
	014	Coeficiente de correlação	-.124	.149	-.228	-.022	.125	.269	.037
		Sig. (bicaudal)	.104	.050	.002	.772	.100	.000	.630
	015	Coeficiente de correlação	.023	.076	.109	-.057	.048	-.143	.120
		Sig. (bicaudal)	.766	.321	.151	.452	.529	.059	.115
	016	Coeficiente de correlação	.031	-.033	.115	.005	-.064	-.066	.028
		Sig. (bicaudal)	.681	.664	.130	.949	.405	.387	.710
	Q17	Coeficiente de correlação	-.049	-.013	.189	.1 29	-.018	.078	.099
		Sig. (bicaudal)	.518	.864	.012	.089	.817	.305	.194
	Q18	Coeficiente de correlação	-.096	-.204	-.062	.074	-.098	.127	.042

		Sig. (bicaudal)	.206	.007	.420	.329	.197	.095	.581
	019	Coeficiente de correlação	-.014	-.034	.177	-.017	.069	-.006	.068
		Sig. (bicaudal)	.860	.656	.020	.825	.363	.936	.369
	Q20	Coeficiente de correlação	-.040	-.048	.009	-.008	.018	-.019	-.089
		Sig. (bicaudal)	.596	.531	.906	.912	.816	.800	.244
	021	Coeficiente de correlação	-.084	.177	-.114	.095	.209	.261	.230
		Sig. (bicaudal)	.269	.020	.134	.213	.006	.000	.002
	022	Coeficiente de correlação	-.176	.188	-.063	.006	.080	.232	155
		Sig. (bicaudal)	.020	.013	.411	.940	.296	.002	.041
	Q23	Coeficiente de correlação	-.090	.122	-.075	.033	.193	.289	.168
		Sig. (bicaudal)	.240	107	.327	.662	.011	.000	.027
	024	Coeficiente de correlação	-.077	.120	-.014	-.1 45	-.022	.074	.096

		Sig. (bicaudal)	.315	.116	.850	.055	.772	.332	.207

			Q1	Q2	Q3	□4	□5	Q6	□7	□8	09	Q10	□11	□12	Q13
	□25	Coeficiente de correlação	.005	-.001	-.036	-.010	.136	.009	-.002	.040	-.103	-.087	.080	.021	-.117
		Sig. (bicaudal)	.947	.938	.636	.398	.073	.910	.976	.602	.177	.253	.293	.778	.124
	□26	Coeficiente de correlação	.083	.023	-.089	-.137	.092	.120	.039	-005	-.043	-.024	.172	-.130	.136
		Sig. (bicaudal)	.277	.766	.242	.071	.228	.114	.613	.944	.577	.754	.023	.088	.073
	□27	Coeficiente de correlação	.054	165	-.1 32	.280	.005	.176	136	-.088	.035	.261	117	.063	.333
		Sig. (bicaudal)	.476	.029	.082	.000	.952	.020	.074	.250	.649	.000	.124	.412	.000
	□23	Coeficiente de correlação	.083	-.215	.206	-.032	.031	-.036	.214	-.053	.190	-.066	.051	-.021	.209
		Sig. (bicaudal)	.274	.004	.006	.676	.687	.637	.005	.491	.012	.388	.508	.788	.006

	Q29	Coeficiente de correlação	-.141	-.034	-.090	.026	.055	-.070	.012	- 043	.055	049	-.027	.006	-.015
		Sig. (bicaudal)	.063	.653	.237	.735	.473	.358	.878	.570	.470	.519	.719	.936	.840
	□30	Coeficiente de correlação	-.083	.043	-.068	.084	.088	-.084	-.099	.040	.051	.054	.035	.060	.144
		Sig. (bicaudal)	.275	.570	.372	.270	.246	.271	.196	.598	.505	.483	.643	434	.058
	□31	Coeficiente de correlação	-.032	-.023	-.022	.006	-.038	.099	.048	-.219	.303	.069	-.030	-.055	.172
		Sig. (bicaudal)	.679	.760	.771	.939	.618	.193	.528	.004	.000	.365	.695	467	.023
	Q32	Coeficiente de correlação	-.091	-118	-.015	.142	.065	.139	.066	.092	-.068	-.020	.029	-.044	-.021
		Sig. (bicaudal)	.232	120	.347	.062	.396	.066	.386	.227	.371	.793	.705	.567	.780
	Q33	Coeficiente de correlação	.213	-.010	.106	.069	.077	.021	.042	.192	-.078	-.046	.095	.039	-.006
		Sig. (bicaudal)	.005	.893	.163	.369	.310	.782	.579	.011	.305	.543	.214	.608	.933
	Q34	Coeficiente de correlação	.177	.052	.169	.235	-.038	-033	.161	004	.100	.180	-.004	.036	.271

			Q14	Q15	Q16	017	Q18	019	□20	Q21	022	□ 23	Q24	□25	□ 26
		Sig. (bicaudal)	.020	.494	.026	.002	.615	.665	034	958	187	.017	.961	639	.000
	035	Coeficiente de correlação	.121	.031	.237	.263	-.049	.013	.008	.016	-.095	.070	.077	.039	.097
		Sig. (bicaudal)	.113	.636	.002	.000	.519	.862	.911	.832	.210	.356	.315	.608	.202
	□36	Coeficiente de correlação	.081	-.158	.326	.200	-.025	.032	-.038	.223	.079	.018	.027	.099	.110
		Sig. (bicaudal)	.283	.038	.000	.008	.744	.679	.620	.003	.303	.809	.721	.193	.148
	□37	Coeficiente de correlação	.037	.053	.003	-.151	-.156	-.060	.068	-.111	.000	.007	-.027	-.158	-.031
		Sig. (bicaudal)	.630	.490	.912	.046	.040	.435	.375	.144	.998	.922	.725	.038	.685
	□33	Coeficiente de correlação	-.063	.016	-.025	.013	.084	-.116	-.030	.102	-.065	-.076	-.071	.038	-.157
		Sig. (bicaudal)	.370	.835	.740	.868	.269	.128	.692	.180	.396	.316	.355	.618	.038

	Q25	Coeficiente de correlação	-.023	-.056	-.156	-.036	.146	.078	.013	-.060	-.216	-.202	.030	1.000	.062
		Sig. (bicaudal)	.764	.467	.039	.637	.055	.308	.862	.432	.004	.007	.690		.416
	□26	Coeficiente de correlação	.049	.079	013	.062	.054	-.085	.074	.162	.033	-.118	-.252	.062	1.000
		Sig. (bicaudal)	.521	.299	.869	.413	.480	.263	.330	.032	.663	.120	.001	.416	
	□27	Coeficiente de correlação	.343	.247	-.063	-.010	-.024	.019	106	.303	.286	.194	-.024	-.043	.208
		Sig. (bicaudal)	.000	.001	.406	.897	.750	.806	.166	.000	.000	.010	.751	.572	.006
	Q28	Coeficiente de correlação	-.104	.232	-.111	139	.083	.122	.042	-.128	.025	-.098	174	192	.110
		Sig. (bicaudal)	.171	.002	,145	.068	.275	.109	.581	.093	.745	.198	.022	.011	.150
	029	Coeficiente de correlação	-.151	-.038	.023	.200	.101	-.002	.072	-.028	.021	.013	-.005	-.124	-.071

		Sig. (2-estados)	.047	.614	.759	.008	.184	.979	.348	.716	.787	.865	.945	.104	.349
	Q30	Coeficiente de correlação	.103	-.197	- 059	-.045	-.018	-.033	.193	-.048	.070	.034	-.099	-.019	.127
		Sig. (bicaudal)	178	009	439	.558	811	.663	011	533	.357	652	194	.808	094
	031	Coeficiente de correlação	-.073	.165	-.168	-.064	.061	.030	-.036	.051	.201	-.089	121	.045	.223
		Sig. (enviado por correio)	.340	.029	.026	.402	.423	.694	.638	.505	.008	.242	.112	.559	.003
	Q32	Coeficiente de correlação	.134	.029	.001	.072	-.161	-.162	.029	.192	122	.040	.093	.052	-.010
		Sig. (bicaudal)	.077	.704	.990	.348	.034	.032	.702	.011	.109	.605	.220	.496	898
	033	Coeficiente de correlação	-081	127	.146	106	.145	.141	.154	-.059	-.111	-.117	115	.205	.290
		Sig. (bicaudal)	.286	.094	.055	.166	.056	.064	.043	.440	.145	.126	.130	.007	.000

	Q34	Coeficiente de correlação	.166	.254	.058	.262	.166	.237	.086	.039	.141	.129	.086	.031	-.031
		Sig. (bicaudal)	.029	.001	.449	.000	.028	.002	.258	.611	.063	.089	.259	.688	.682
	Q35	Coeficiente de correlação	.075	.289	.146	146	.101	.192	-.107	.094	.041	.189	.243	-.011	-.093
		Sig. (bicaudal)	.325	.000	.055	.055	.184	.011	160	.215	.588	.012	.001	.881	.224
	Q36	Coeficiente de correlação	.041	.121	.109	.213	.043	.258	.005	-.032	.070	.014	.088	.152	-.014
		Sig. (bicaudal)	.593	112	.151	.005	.574	.001	.953	.672	.358	.854	.248	.045	.859
	037	Coeficiente de correlação	.083	-.033	047	130	-.054	-.120	-.077	.011	.034	.040	-.064	-.111	.066
		Sig. (bicaudal)	.277	.661	.541	.088	.480	.116	.312	884	.653	.604	.399	.145	.389
	Q38	Coeficiente de correlação	-.124	.023	.031	-.049	-.096	-.014	-.040	-.084	-.176	-.090	-.077	-.080	-.131

		Sig. (bicaudal)	.104	.766	.681	.518	.206	.860	.596	.269	.020	.240	.315	.294	.085

			027	028	029	Q30	Q31	032	033	Q34	035	036	037
	025	Coeficiente de correlação	-.043	.192	-124	-.019	.045	052	.205	.031	-.011	.152	-.111
		Sig. (bicaudal)	.572	.011	104	.808	.559	496	.007	.688	.881	.045	.145
	Q26	Coeficiente de correlação	.208	.110	-.071	.127	.223	-010	.290	-.031	-.093	-.014	.066
		Sig. (bicaudal)	.006	.1 50	.349	.094	.003	898	.000	.682	.224	.859	.389
	027	Coeficiente de correlação	1.000	.154	-.072	-.082	.188	058	.063	.289	.068	.119	-.079
		Sig. (bicaudal)		.042	.344	.283	.013	449	.410	.000	.376	.118	.301
	028	Coeficiente de correlação	.154	1.000	-196	-.057	.502	-070	.060	.238	.068	.253	-.210
		Sig. (bicaudal)	.042		.010	.453	.000	356	.429	.002	.375	.001	.005
	029	Coeficiente de correlação	-.072	-.196	1.000	-.019	-.172	025	.093	.016	-.100	-.149	.031
		Sig. (bicaudal)	.344	.010		.803	.023	.747	.222	.833	191	.050	.686

	030	Coeficiente de correlação	- 082	-057	- 019	1 000	-101	026	.1 07	-.053	-135	-.120	-.012
		Sig. (bicaudal)	.283	.453	.803		.186	.732	.161	.487	.075	.115	.871
	031	Coeficiente de correlação	.188	.502	-.1 72	-.101	1.000	-.210	-.039	.185	.117	.075	-.088
		Sig. (bicaudal)	.013	.000	.023	.186		.005	.609	.014	.125	.324	.251
	032	Coeficiente de correlação	.058	-.070	.025	.026	-.210	1.000	-.037	-.064	-.230	-.012	.034
		Sig. (bicaudal)	.449	.356	.747	.732	.005		.624	.400	.002	.877	.660
	033	Coeficiente de correlação	.063	.060	.093	.107	-.039	-.037	1.000	.277	.101	.187	-.150
		Sig. (bicaudal)	.410	.429	.222	.161	.609	624		.000	.186	.013	.049
	034	Coeficiente de correlação	.289	.238	.016	-.053	.185	-064	.277	1.000	.458	.289	-.010
		Sig. (bicaudal)	.000	.002	.833	.487	.014	400	.000		.000	.000	897
	035	Coeficiente de correlação	.068	.068	-100	-.135	.117	-.230	.101	.458	1.000	.335	-.072
		Sig. (bicaudal)	.376	.375	.191	.075	.125	002	.186	.000		.000	.344

	036	Coeficiente de correlação	.119	.253	-.149	-.120	.075	-012	.1 87	.289	.335	1.000	-.218
		Sig. (bicaudal)	.118	.001	.050	.115	324	.877	.013	.000	.000		.004
	037	Coeficiente de correlação	-.079	-.210	031	-.012	-.088	.034	-.150	-.010	-.072	-.21 8	1.000
		Sig. (bicaudal)	.301	.005	.686	.871	.251	660	.049	.897	344	004	
	Q38	Coeficiente de correlação	-.125	-.259	.108	.012	-.202	- 041	.139	-.094	-.130	.035	-.055
		Sig. (bicaudal)	.101	.001	.156	.873	.008	594	.068	.218	.088	.643	.467

			Q38	Q39	Q40	Q41	Q42	Q43	Q44
	Q25	Coeficiente de correlação	-.080	.006	.103	.015	-.055	-.041	-.068
		Sig. (bicaudal)	.294	.934	.175	.841	.470	.594	.371
	Q26	Coeficiente de correlação	-.131	-.013	.055	.050	.063	.024	.044
		Sig. (bicaudal)	.085	.863	.469	.509	411	.751	.562
	Q27	Coeficiente de correlação	-.125	.124	-.110	.055	.199	.156	.051
		Sig. (bicaudal)	.101	.102	.150	.473	.009	.040	.502

	Q28	Coeficiente de correlação	-.259	.071	.042	.022	-.028	-.149	.153
		Sig. (bicaudal)	.001	.352	.578	.771	.717	.050	.044
	Q29	Coeficiente de correlação	.108	.005	.016	.052	-.048	.020	-.014
		Sig. (bicaudal)	.156	.949	.835	.495	.527	.791	.857
	Q30	Coeficiente de correlação	.012	-.006	-.078	-.005	.091	.038	-.128
		Sig. (bicaudal)	.873	.941	.304	.945	2 34	.618	.091
	Q31	Coeficiente de correlação	-.202	.154	.055	.072	.166	.040	.151
		Sig. (bicaudal)	.008	.043	.475	.342	.029	.604	.047
	Q32	Coeficiente de correlação	-.041	.150	-.072	-.169	.032	-.062	-.018
		Sig. (bicaudal)	.594	.048	.344	.025	.675	.414	.812
	Q33	Coeficiente de correlação	.139	-.059	.270	.127	.114	.073	.069
		Sig. (bicaudal)	.068	.442	.000	.095	.135	.340	.364
	Q34	Coeficiente de correlação	-.094	.155	.166	.192	.085	.218	.210
		Sig. (bicaudal)	.218	.041	.029	.011	.263	.004	.005
	Q35	Coeficiente de correlação	-.130	.118	.167	.081	.110	.217	.359

		Sig. (bicaudal)	.088	.122	.028	.289	.150	.004	.000
	Q36	Coeficiente de correlação	.035	-.030	.036	.095	.092	.068	.034
		Sig. (bicaudal)	.643	.696	.633	.213	.228	.376	.656
	Q37	Coeficiente de correlação	-.055	.052	-.078	-.008	-.051	.102	.023
		Sig. (bicaudal)	.467	.493	.304	.920	.505	.182	.763
	Q38	Coeficiente de correlação	1.000	-.086	-.032	.009	-.043	-.008	-.193
		Sig. (bicaudal)		.257	.673	.908	.574	.922	.011

		Q1	Q2	Q3	Q4	Q5	Q6	Q7	Q8	Q9	Q10	Q11	Q12	Q13	Q14	Q15
Rho de Spearman	Q39	-.039	.009	-078	.136	-.087	-.139	.070	-.129	.100	-.018	-.120	-.138	.116	.149	.076
		.611	.909	308	.073	.256	.066	.362	.091	.188	.818	114	.070	.127	.050	.321
	Q40	.060	.059	.106	-.086	-.028	-.179	-.054	.016	.080	.047	-.078	-.050	-.023	-.228	.109
		.429	.443	165	.258	.717	.018	.482	.834	.292	535	.304	.513	.767	.002	.151

	Q41	.135	.124	.151	-.171	-.059	-.084	.010	-.101	-.024	.167	**-.143**	.028	.235	-.022	-.057
		.076	.102	**.047**	**.024**	**.443**	.272	894	.187	.751	.027	.059	.714	.002	.772	452
	Q42	.141	.051	-022	.219	-.009	.143	-.072	-.052	052	.127	**-.073**	.025	.033	.125	.048
		.063	.501	773	**.004**	.910	.060	.342	.494	.499	.094	**.340**	.744	.670	.100	.529
	Q43	.106	.160	048	.187	-.022	015	-010	.166	**-.029**	.283	**.009**	.011	.263	269	-.143
		.163	**.035**	.532	**.014**	.778	**.844**	.896	.029	.708	**.000**	**.906**	.884	.000	.000	.059
	Q44	.136	**.039**	051	.149	-.166	**.047**	.137	.079	116	**.056**	.150	-.002	104	.037	.120
		.073	.607	.502	**.049**	.028	.537	.072	.301	.128	.459	**.048**	.978	.173	.630	.115

		Q16	Q17	Q18	Q19	Q20	Q21	Q22	Q23	Q24	Q25	Q26	Q27	Q28	Q29	Q30
Rho de Spearman	Q39	-.033	-.013	-.204	-.034	**-.048**	.177	.188	.122	**.120**	.006	-.013	**.124**	.071	.005	-.006
		664	.864	.007	.656	.531	.020	.013	.107	**.116**	**.934**	.863	.102	.352	**.949**	**.941**

		Q31	Q32	Q33	Q34	Q35	Q36	Q37	Q38	Q39	Q40	Q41	Q42	Q43	Q44
	Q40	.115	.189	-.062	.177	.009	-.114	-.063	-.075	-.014	.103	.055	-.110	042	.016	.078
		.130	.012	.420	020	.906	.134	.411	.327	.850	.175	.469	.150	.578	.835	.304
	Q41	.005	.129	.074	- 017	-.008	.095	.006	.033	-.145	.015	050	.055	.022	.052	-.005
		.949	.089	.329	825	.912	.213	940	.662	.055	841	.509	.473	.771	.495	.945
	Q42	-.064	-.018	-.098	069	.018	.209	080	.193	-.022	-.055	.063	.199	-.028	-.048	.091
		.405	.817	.197	363	.816	.006	.296	.011	.772	.470	411	.009	.717	.527	.234
	Q43	-.066	.078	.127	- 006	-.019	.261	.232	.289	.074	-.041	.024	.156	-.149	.020	.038
		.387	.305	.095	936	.800	.000	.002	.000	.332	.594	.751	.040	.050	.791	.618
	Q44	028	099	042	.068	-.089	.230	.155	.168	.096	-.068	.044	.051	.153	-.014	-.128
		.710	.194	.581	369	.244	.002	.041	.027	.207	.371	562	.502	044	.857	.091

Rho de Spearman	Q39	.154	150	-.059	155	.118	-.030	.052	-.086	1.000	.052	.041	129	.138	.124
		.043	.048	442	.041	.122	.696	.493	.257		.494	.594	.089	.069	.104
	Q40	.055	-.072	.270	.166	.167	.036	-.078	-.032	.052	1.000	.201	.046	-.053	016
		.475	.344	.000	.029	.028	.633	.304	.673	494		008	.543	485	834
	Q41	.072	-.169	.127	192	.081	.095	-.008	.009	.041	.201	1.000	-.108	.430	.054
		.342	.025	095	.011	.289	.213	.920	.908	.594	.008		155	.000	.476
	Q42	.166	.032	.114	.085	.110	.092	-.051	-.043	.129	.046	-.108	11.000	.117	.107
		.029	.675	.135	.263	.150	.228	.505	.574	.089	.543	.155		.123	.158
	Q43	.040	-.062	.073	.218	.217	.068	.102	- 008	.138	-.053	.430	.117	1.000	.180
		.604	414	.340	.004	.004	.376	182	922	.069	485	.000	123		.018
	Q44	151	-.018	069	.210	.359	.034	.023	-.193	124	.016	054	107	.180	1.000
		.047	.812	.364	005	.000	.656	.763	.011	104	.834	.476	158	.018	

Apêndice F: Correlação de Spearman entre as dez causas e efeitos mais importantes dos atrasos

Correlações

		Q2	Q5	Q6	Q10	Q12	Q13	Q14	Q20	Q21	Q30
Rho de Spearman	Q45	.030	.159	.048	-.024	.095	.016	-.094	.004	.049	.256
Sig. (bicaudal)		.091	.040	.527	.756	.056	.933	.217	.054	.517	.047
	Q46	.096	.155	.182	.140	-.053	.015	.015	-.064	.138	-.017
		.207	.046	.016	.045	.487	.048	.847	.405	.047	.820
	Q47	.148	-.018	.029	.281	.001	.106	.039	.222	.151	-.017
		.051	.813	.699	.029	.993	.165	.614	.048	.047	.824
	Q48	-.008	-.070	-.076	.032	-.016	-.073	.052	.109	.098	.178
		.914	.358	.317	.674	.836	.336	.494	.152	.201	.045
	Q49	-.021	.000	-.085	-.030	-.031	-.023	.064	.012	.080	.139
		.786	.998	.266	.694	.689	.759	.401	.873	.296	.068
	Q50	-.129	.066	.002	.054	.145	-.083	.174	-.090	.119	-.045

		.090	.384	.977	.475	.042	.275	.022	.237	.041	.559
	Q51	-.029	-.022	-.053	.027	.008	.111	.171	.056	.151	-.159
		.705	.771	.490	.722	.915	.144	.027	.460	.050	.036
	Q52	.094	-.002	.029	.152	.112	.132	-.056	.092	.212	-.056
		.216	.974	.708	.043	.046	.035	.466	.127	.041	.464
	Q53	-.117	.044	-.036	.182	.017	-.084	.108	-.006	.254	.031
		.125	.568	.641	.028	.827	.272	.155	.934	.048	.688
	Q54	-.084	-.020	.145	.011	-.035	.104	.106	.021	.025	-.116
		.272	.794	.056	.882	.648	.058	.164	.785	.742	.126
	Q55	0.168	.153	.067	.082	.010	.175	-.157	-.121	.074	.057
		.036	.013	.383	.280	.894	.021	.038	.113	.335	.452

Printed by Books on Demand GmbH, Norderstedt / Germany